青少年 科普图书馆

图说生物世界

# 恐龙是被小行星毁灭的吗

## ——濒危动物

侯书议 主编

上海科学普及出版社

图书在版编目（ＣＩＰ）数据

恐龙是被小行星毁灭的吗 ：濒危动物 /侯书议主编. －上海 ：上海科学普及出版社，2013.4（2022.6重印）

（图说生物世界）

ISBN 978-7-5427-5605-3

Ⅰ．①恐… Ⅱ．①侯… Ⅲ．①动物－濒危－青年读物②动物－濒危－少年读物 Ⅳ．①Q951-49

中国版本图书馆 CIP 数据核字(2012)第 272846 号


**责任编辑 李　蕾**


图说生物世界

**恐龙是被小行星毁灭的吗——濒危动物**

侯书议 主编

上海科学普及出版社

（上海中山北路 832 号 邮编 200070）

http://www.pspsh.com

各地新华书店经销　三河市祥达印刷包装有限公司印刷

开本 787×1092 1/12 印张 12 字数 86 000

2013 年 4 月第 1 版 2022 年 6 月第 3 次印刷

ISBN 978-7-5427-5605-3 定价：35.00 元

# 图说生物世界
## 编 委 会

丛书策划：刘丙海 侯书议

主　　编：侯书议

编　　委：丁荣立 文　韬 宋凤勤

　　　　　韩明辉 侯亚丽 王世建

绘　　画：才珍珍 张晓迪 耿海娇

　　　　　余欣珊

封面设计：立米图书

排版制作：立米图书

# 前　言

　　在我们的地球家园,正是因为有了丰富多彩的动物朋友,它们聪明、美丽、可爱、善良,不可替代,才让这个星球充满了勃勃生机!

　　动物是聪明的。呱呱乱叫的乌鸦总是不给人们好印象,可是在日本,聪明的乌鸦会等红灯亮飞下来,把叼着的核桃放在车轮下,车子一动它就灵敏地飞起来;汽车碾碎了核桃,它就飞下来享受自己劳动换来的"美食"。犀牛鸟、鳄鱼鸟都是靠清理它们强大的宿主身上的寄生虫或牙齿缝中的肉屑,来获得安全和食物。

　　动物是美丽的。在动物界,绚烂的红腹锦鸡、碧绿的绿孔雀、轻盈的红蜻蜓、斑斓的东北虎、矫捷的梅花鹿、神秘的光明女神蝶、美丽多姿的金鱼儿、纯洁的白天鹅等等,它们舞蹈,它们歌唱,它们追逐嬉戏,总是给我们带来无尽的美感,因为它们充满灵性与活力,洋溢着大自然所赋予的无以伦比的天然之美!它们让这个世界变得生机盎然、五彩缤纷!

　　动物是可爱的。企鹅遇到自己心仪的异性时,总是献上美丽的小石头,有时一时"手紧",它就会若无其事地走到别的恋爱中的企鹅旁边，"顺手牵羊"偷走漂亮的石头，来博得自己恋人的欢心。曾有一头大象路过一家裁缝店，好奇的它把鼻子伸进了窗内，刚受了老板气的裁缝举针刺了大象鼻子一下。几天后，为报一针之仇，再次路过这里的大象又把鼻子伸进窗子，喷了那个裁缝满头满脸的水……

动物是知道感恩的。海豚救人、义犬救主、山羊奶孤儿……一个个动物与人类和谐相处、生死相依甚至舍生忘死的故事不断触动着我们的神经，撼动着我们的心灵！动物对人的爱是无私、纯洁、永不变质的，在这种爱面前，很多时候，人还不如动物！

动物是不可替代的。当那些被农药、毒气和废水一个个间接杀死的鸟雀、青蛙和蛇等动物渐渐远离人们的视野时，下一个受到伤害的就将是人类自己。毕竟，动物是这个地球家园生态平衡的一环。

这本书是祭奠那些逝去的可爱的生灵的，唯有如此，才能让我们在一去不复返的沉痛中总结那些血的教训，才能让我们人类遏止一下无尽的贪欲，才能让我们更加珍惜这个星球上那些渐行渐远的动物朋友，停止对它们直接或间接的伤害，用我们每个人的所能，为我们这个原本和谐、繁荣、美丽的星球做点什么。

要知道，与可爱的动物们共享这个美丽的地球家园所得到的快乐、幸福和健康，远远要比穿着皮草、吃着燕翅，被添加剂、农药包围的物质满足要更加丰富，更加久远！

# 目 录

## 陆生集团之永恒

## 陆生集团之仅存

## 水生集团之永恒

水生集团之仅存

## 陆生集团之永恒

关键词：新疆虎、袋狼、恐龙、猛犸象、北非狮、南极狼、斑驴

导　读：这是一组关于动物悲鸣的文字，它们如今都已在这个地球上消逝。关于它们的灭绝，有自然因素，有人为因素。而人为因素导致的灭绝更加悲惨。这些已灭绝的动物，能换来人类对动物的关怀与呵护！

# 新疆虎:塔里木遗恨

在中国新疆,19世纪末的塔里木河河水充盈,河畔花红柳绿,芦苇丛生,蜻蜓掠水,彩蝶翩翩。岸旁,古老的胡杨林枝繁叶茂,敏捷的马鹿时而闪现在丛林中;健壮肥硕的野猪在林间觅食,偶尔三五成群地到河边小心翼翼地饮水。而在它们的身后,体长约3米、重200多千克的新疆虎虎视眈眈,正选择最适宜的捕食时机……

当时,新疆还是一块封闭的有待开发的处女地,塔里木河流域广泛,湿地遍布,罗布泊湖水充盈,鸟兽鱼虾丰富,正是高原动植物们最幸福、快乐的时候。那时,腐败的清政府正处于风雨飘摇的穷途末路,刚刚平定了声势浩大的太平天国运动,西方列强对中国这块"肥肉"虎视眈眈,清廷内外交困,西方的探险家、旅行家打着文化科研的旗号,在中国未开发的区域毫无顾忌地四处活动,为殖民掠夺"踩点",圈定"肥羊"。

俄国的探险家普热瓦尔斯基最先来到新疆,也是第一个描述新疆虎的人。1876年深秋,他在塔里木盆地居住了8天,亲身参与围捕新疆虎的行动,亲眼看见受伤的老虎逃入浓密的胡杨林中。普氏称"那里的老虎就像伏尔加河的狼一样多"。那时老虎作为害兽，人人可猎杀，24年以后的1900年3月，当瑞典的探险家斯文·赫定来到塔里木盆地时，当地已很难看到新疆虎的踪影了。但他还是有幸看到了作为世界西亚虎之一、最后灭绝的新疆虎，并描绘了新疆虎的一些习性：

生活在茂密的胡杨林和河畔的芦苇丛中，捕食塔里木马鹿和野猪。当时野猪很多，老虎采用伏击和追捕的办法很容易成功。它们有时也跑到天山南坡和阿尔金山北坡的树林里活动。

总之，那时为数不多的新疆虎还是有丰富的食物和广阔的活动范围。为了纪念最后生存的西亚虎，斯文·赫定从猎人手中买了一张新疆虎的虎皮，带到他斯德哥尔摩的家中。

斑斓威武的虎皮永远都受到人类的喜爱。因为缺乏保护意识，随着狩猎活动不断进行，1916年，西亚虎的最后种群——新疆虎被猎杀干净。

后来科学家们对新疆虎灭绝的原因进行研究，得出的结论是：生态环境恶化导致。因为人类的开垦和狩猎活动，以及对野猪、马鹿等捕杀，导致湿地减少，罗布泊干涸，野猪和马鹿等数量剧减，食物链中断。而猎人的不断围捕，使新疆虎的栖息地不断被分割成"孤岛"，不仅捕食半径越来越小，而且很容易被猎人发现，加上小范围

内的近亲繁殖,新疆虎的灭亡成了迟早的事。

人们能够想象得到,19世纪以前的新疆塔里木盆地水草丰美时,鹰击长空、鱼翔浅底、呼啸长林的壮美场景;那时的新疆人民也是生活在空气湿润、花香鸟语的天地里。

可惜,这一切都成为梦境,今日的一片黄沙之下,罗布泊早已干涸,人们同样能够想象得到最后被捕杀的新疆虎不屈、悲壮和幽怨,似乎能够听得到它那无力回天的长啸;也似乎能够看得到猎人们一脚踏在新疆虎微热的尸体上时脸上露出狂妄的笑。

# 袋狼：枉背恶名而被赶尽杀绝

塔斯马尼亚是澳大利亚洲距离南极最近且有居民居住的岛屿。整个岛屿形状为浪漫的心形，岛上多山，中央部分为高原，分布着大大小小 4000 多个湖泊，山青水秀，森林密布，空气新鲜，物种极多，是适宜动物们生存的天堂。

这里是世界闻名的"度假之岛"。而在 400 年前，塔斯马尼亚岛还是澳大利亚特有的大型哺乳动物袋狼的天堂。这里与外界多年来呈隔绝状态，澳大利亚特有的有袋类动物在这里幸福地生活了千万年之久。

袋狼是澳大利亚最大的有袋类食肉动物，又名斑马狼、塔斯马尼亚虎，像许多澳大利亚的动物都很有来头一样，袋狼这一物种在大自然中已经进化了 5000 多万年。人们在澳大利亚的岩石上发现古代居民于一万年前绘成的壁画，从中得知在很久很久以前，袋狼就已经生存在这片古老的土地上了。

袋狼长相奇特，体形似狗，头似狼，身长 1 ~ 1.3 米，土灰或黄棕色，背部有 14 ~ 18 条像老虎一样的黑色条纹，它可以像鬣狗一样

用四条腿奔跑,也可以像小袋鼠那样用后腿跳跃行走。它和袋鼠一样同是有袋类动物,因此当地人称它为澳大利亚的"四不像"。

雌性袋狼腹部有一个有别于其他有袋动物的向后开口的育儿袋,袋内有 2 对乳头;尾巴细长;并且袋狼的嘴巴是在四足肉食动物中开合程度最大的, 可以张开到 180 度, 这样撕咬的范围就更大,可以一口咬碎猎狗的头。

袋狼白天在洞穴里或者空心的原木中睡觉,晚上很活跃,会成群行动,经常是以袋鼠、小袋鼠、沙袋鼠、绵羊或是不会飞的鸟类为猎取目标。袋狼跑的速度并不快,但是很有耐力,会对猎物紧追不舍,直到对方疲惫不堪为止。它们往往一口咬住猎物的头结束了猎

物的性命。

　　由于澳大利亚与世隔绝，长期封闭，大型动物只有有袋类，没有生存竞争的压力，使善于趁黑夜捕捉袋鼠的袋狼得以悠然生存。它们曾广泛分布于澳大利亚大陆及附近岛屿上。但自从塔斯马尼亚岛上的欧洲人的到来，袋狼的生存出现了危机，最终在20世纪上半叶被赶尽杀绝。

　　1642年，最先来到塔斯马尼亚岛的是荷兰航海探险家阿贝尔·塔斯曼。他有意无意地把发现塔斯马尼亚岛的消息传播给当局，不久，欧洲穷凶极恶的殖民强盗们蜂拥而来，对岛上的土著民族尼格罗人进行了惨绝人寰的大屠杀，直至最后一名尼格罗女子于1876年死于英国强盗的手中，今天其骨骼还陈列于塔斯马尼亚岛上最大的城市霍巴特的博物馆。

　　后来，随着更多的移民来到塔斯马尼亚岛，人们要占用更多土地发展农业和畜牧业，养更多的羊，于是，那些经常在夜里活动的袋

狼被欧洲移民当作"杀羊魔"。其实袋狼经常袭击的不是山羊而是当地的袋鼠,倒是狗伤害了大多数的羊。大量的羊被狗咬死了,但人们误以为是袋狼所为,因为狗和袋狼都吸死羊的血。

1888 年,政府为了大力发展畜牧业,出赏金奖赏捕杀袋狼的人们,在那之后到 1914 年的 20 多年中,共有 2268 只袋狼被捕杀。这也是记录袋狼数量的珍贵资料。这以后,野外很少能够见到这种古老而奇特的动物了。

世界上最后一只瘸腿的袋狼,因为管理员的疏忽,于 1936 年 9 月 7 日,在霍巴特动物园暴晒而死。

后来,科学家剖析其骨骼发现,袋狼的身体各部分骨骼都十分脆弱,根本不可能猎食活山羊,甚至连接近山羊都很容易被其顶伤。袋狼作为"杀羊魔"的不白之冤终于得到了昭雪,但是,这一切来得为时已晚了。

而更让那些疯狂捕杀袋狼的人想不到的是,他们想以捕杀袋狼来保护畜牧业发展的念头在神奇的自然生物链面前显得多么愚蠢:由于袋狼被赶尽杀绝,当地再也没有大型的食肉动物,从而导致食草动物因失去天敌而大量繁殖,袋鼠多至成灾,与羊群争夺草场,澳大利亚的畜牧业一度一蹶不振。

再后来,人们在塔斯马尼亚岛上建了一个袋狼保护区。这是否是那些目光短浅的决策者们一种心理上的补偿呢？但讽刺的是，至今人们再也没有发现一只袋狼。

人类的贪婪总是这样——拥有时不知珍惜，失去后才感到弥足珍贵。与其花费巨额人力、物力和财力去试图复活已灭绝的物种，倒不如把精力更多地放在保护与拯救现有濒危物种上，以使其免于灭绝的厄运。

总而言之，袋狼这种与澳大利亚的土著居民共同生活了一万年以上的珍贵动物，已经在地球上永远地消失了。

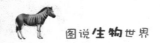 

# 恐龙:"地球霸主"是被小行星毁灭的吗

作为史前最大的陆生动物,大家对恐龙这一类活在 2 亿多年前的动物并不陌生,影视、动画、玩具、游戏,等等,已经让人们知道恐龙家族曾经统治了这个星球 1.6 亿年!今天就来认识下这些远古时代的"地球霸主"吧。

恐龙最早出现在约 2.4 亿年前的三叠纪,它们种类众多,体形各异,身躯庞大,食量惊人,大的长数十米,重四五十吨;小的不足一米。其中腕龙重约 70 吨,身长 22 米,站立起来足足有 12 米,相当于四层楼那么高!还有一种食草动物梁龙比它更大,它们最大的身长达 30 米,躯体强壮,颈部和尾巴都比较长,许多肉食恐龙都不是它的对手。它的头部很小,能够轻松吃到大树顶端的叶子,它们食量很大,每天大部分时间都是在吃。把一个地区的食物吃完了,它们就会结伴转移。

最大的食肉型恐龙是暴龙,也是最凶残的,身体长约 4 米,重达 8 吨,它锋利坚固的牙齿能咬穿猎物的骨头,一口就能吞下约 360 千克的猎食对象。大多数食肉恐龙以食草的恐龙和其他动物为食,它们先以锋利的后肢尖爪制服猎物,再用牙齿和前爪撕食猎物。使用前爪时,它用粗大的尾巴来保持平衡。

　　恐龙的得名还源于它们奇特的体形,有的头上长出怪异骨质突起,用于争斗时作防卫或攻击武器的;有的背上带有排列整齐、长短不一的骨板的,用于威慑或保护作用的;有的鼻子上长有类似后世犀牛的尖角;而背部长有 17 块三角形骨板的剑龙看起来很恐怖,却是温和的素食主义者。恐龙是卵生,目前世界各地发现恐龙蛋化石的很多,其中中国河南省西峡县发现的恐龙蛋化石和骨骼化石覆

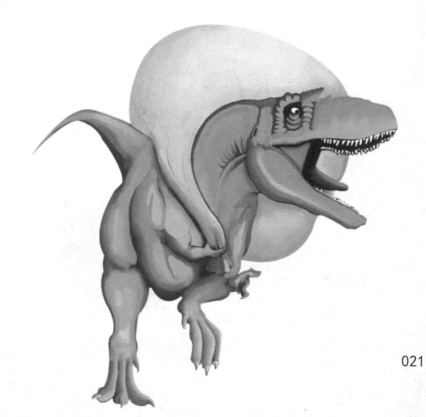

盖面积达 8578 平方千米，挖掘出恐龙蛋化石超过 5000 多枚。而在欧洲西班牙南部山区古海岸区，一块近一万立方米的砂岩中竟埋有 30 万个恐龙蛋！这说明恐龙与鳄鱼一样喜欢在海边松软的沙子中孵卵。

但这些不可一世、横冲直撞、处于食物链顶端的"地球霸主"最终灭亡于约 6500 万年前的白垩纪生物大灭绝事件。

人们对这个庞然大物的死因产生种种猜想。目前最具影响力的说法是，行星撞地球引发的巨大火山喷发，导致了白垩纪生物大灭绝，将包括恐龙在内的一切动物都化为乌有。

在墨西哥的尤卡坦半岛上有一个叫做希克苏鲁伯的陨石坑，直径是 125 英里（约合 201.17 千米）、

深约 1000 米，它其中有一层岩石被地质学家称为 K-T 边界，意思是白垩纪—第三纪界限的标记线。K-T 边界下层岩石中含有丰富的恐龙化石，但在 K-T 边界以上，恐龙消失了。

K-T 边界岩石中含有铱，铱是一种稀有金属，在地球中的平均含量只有十亿分之一。然而这个岩层中的铱含量是正常含量的 200 倍；而太空中的铱含量比地球高出 1000 倍！所以，这里的铱很有可能来自太空。同时，全球无论是海底还是陆地，在大量属于白垩纪和第三纪之交的地层位点，都发现了异常高的铱元素富集、类似熔融石的小球以及富含镍的来自宇宙的尖晶石，等等，表明当时的地表广泛沉积着源于陨石撞击而产生的高温物质。

墨西哥国家石油公司在犹卡坦半岛进行了钻探，获得了一些经历过撞击的坑里面的岩芯样品。随后地质研究人员在该地钻探到 1100 米至 1256 米的深度，也就是原始坑的大约表面的位置——陨石和地球表面发生撞击作用的交界处，钻探发现了典型的撞击产生的角砾岩，其中包含了熔融的粒子和被撞击岩石碎块的混合物。在这个深度的上层富含碳酸盐，是犹卡坦地区地表被撞击过的岩石特征；其中 5% 的碎屑具有特殊的羽状方解石纹理，表明在碳酸盐熔融后有迅速的淬火过程，金属加热到一定程度后又急速冷却，会使硬度增加。在 1253 米以下，熔融硅酸盐的含量急剧升高，碳酸盐的含量则降低,再往下,就是典型的由撞击的高温高压所导致的被撞击岩石的熔融岩形态, 整个坑里面这样的熔融岩估计达 2 万立方千米。

人们还在希克苏鲁伯的陨石坑白色岩石中找到了冲击石英的证据,只有小行星才会留下这样的标记。高含量的铱和冲击石英表明,这个陨石坑是由一颗直径 9 英里(约合 14.48 千米)的小行星,以每秒 40 千米的速度与地球相撞产生的。

这么大的陨石撞击地球,绝对是一次无与伦比的打击,以地震的强度来计算,大约是里氏 10 级。科学家认为,撞上地球的这颗小行星释放出来的能量,是美国轰炸广岛使用的原子弹的 10 亿倍!

根据墨西哥湾周围铱元素含量的精确测定,当时这颗小行星不仅撞击了地球中美洲地区,还撞破了地壳,撞击成的口子直径超过 148 千米,致使地球内部岩浆汹涌喷出。撞击造成的超级火山爆发,使整个地球被浓浓的火山灰和毒气所覆盖,地球上的生物长时间不见阳光和月亮,植物无法光合作用,大气层氧气含量极低,从大多数恐龙死亡的姿势来看都非常痛苦,完全是缺氧的自然反应。综合这些因素,造成此次生物的大灭绝。

这次大变故超过地球历史上所有的重大事件,直接刷新了地球历史的新纪元。

# 猛犸象：世界最大哺乳动物谜一般消失

　　猛犸是鞑靼语"地下居住者"的意思，也就是说，在很早以前，这种巨大的哺乳动物地下的遗骸就被人发现了。那时科学不发达，鞑靼人对这种奇特的动物有太多的神秘感，就以为它们原本就是生活在地下的，所以称它们为"猛犸"。猛犸象起源于上新世的非洲热带地区，和非洲象、亚洲象由共同祖先演化而来，与非洲象属、亚洲象属互为姐妹属关系，后来随着适宜的气候环境，逐渐出现哥伦比亚猛犸、罗马尼亚猛犸、小猛犸（北美侏儒猛犸）、真猛犸（长毛猛犸）、帝王猛犸、弗兰格尔猛犸、非洲猛犸、南方猛犸、平额猛犸、草原猛犸、撒丁岛倭猛犸等。

　　冰川时期，丰茂的草地养育着猛犸象庞大的家族，它们遍布各个大陆。长毛猛犸主要生活在西伯利亚。它肩高 3.4 米，重达 7 吨。它背部的毛最长可达 50 厘米，长毛下还有一层绒毛，皮下脂肪厚达 9 厘米，长毛猛犸的头部和颈部还有高大的驼峰，可以储存大量的脂肪，以适应西伯利亚冬季严寒、少食的环境。后来气候转暖，植物丰富，它们向南扩散，中国东北、山东长岛、内蒙古、宁夏等地区也

曾发现过真猛犸象的化石。目前,西伯利亚的永冻层里埋藏着大约
1000 万只保存极好的猛犸象遗骸。

猛犸象生活在北半球的第四纪大冰川时期，以草和灌木叶子为食。和现在大象一样，猛犸象每年要迁徙数百千米，去寻找更好的牧场。猛犸象可以活到 70 岁，为了维持最重可达十吨的庞大身躯，它们一生 2／3 的时间都在吃草。

在北冰天雪地的西伯利亚，猛犸象独霸一方，比今天的大象凶猛得多！尽管在平时雌性猛犸象可能比较温和，但在养育幼仔时则异常暴躁。此时的猛犸象会忽然去攻击任何在它看来是"威胁"的动物，而对手往往还没看清怎么回事就稀里糊涂地被踩死，实在有些冤枉。而雄性猛犸象脾气更加暴躁。毫无疑问，猛犸象处于整个食物链的顶端。

但是年幼的猛犸象需要15年的时间才能发育成型。其间很容易受到凶猛的肉食动物如剑齿虎的伤害。另外，老弱的猛犸象也可能遭到巨型短面熊或洞熊这样的大型食肉兽的袭击。剑齿虎、巨型短面熊或洞熊都可能成为猛犸象的生存竞争者。

多年来，古生物学界一直对这种陆地上最大的哺

乳动物的灭绝有着不同的猜测。

在对于猛犸象的学术研究中,墨西哥城的发现似乎可以揭示猛犸象更多的生死之谜。1996 年,墨西哥城的郊区吐库拉,工人们为一个新的酒吧打地基的时候,在地下 4、5 米处碰到了一些物体。考古学家很快挖掘出 1200 块骨头,这是一个七口之家的猛犸象家庭,它们是正在活动中遇难的。

经考古学家鉴定,吐库拉这些遗骨已有 1.1 万年的历史,那正是猛犸象消失的年代。在美洲发现的猛犸象遗骨表明,猛犸象数量下降的时候,正好是冰川期结束和地球开始变暖的时期。两万年前气温开始上升,大约上升了 7 摄氏度,这改变了美洲的环境。美国西南部的草地逐渐转变成长着稀疏灌木和仙人掌的沙漠,许多猛犸象无法适应都死掉了。

人们在关于猛犸象灭绝的争论中,还会提到另外一个重要的原因——那就是人类的捕杀。在 1.2 万年前,从加拿大北极圈内的领土到南美洲的南部都有人类居住。

进入美洲的早期人类最有名的是克洛维斯人,他们的文化最先是在美国新墨西哥州的遗址中发现的。克洛维斯人捕猎时会使用一种有凹槽的燧石长矛枪头。在不少遗址的猛犸象骨骼中,都曾发现过这种长矛枪头。一些美国考古学家认为,克洛维斯人的过度捕猎造成了整个大陆猛犸象的灭绝。

但在南美洲发现的 1500 个猛犸象遗址中，只有 60 个发现了人类在场的证据。而且其中只有 10 来个遗址中发现了克洛维斯人使用的长矛枪头，证明了人类曾经捕杀过猛犸象，而其余的遗址只有猛犸象的碎骨头。这表明人类可能只是在猛犸象死后才利用这些骨头的。

这些结论迫使科学家需要重新去考虑猛犸象灭绝的原因。在这些遗骨里，人们发现了一些新的线索。那就是有些猛犸象下颚上的臼齿不同寻常，右边的发育正常，而左边的却是奇形怪状。

不论是最近还是在历史上，当一种疾病传入从未经历过这种疾病的群体时，因为缺乏免疫力，这个群体极有可能很快就灭绝。克洛维斯人传播疾病的嫌疑似乎非常大，因为他们来到墨西哥盆地的时间正好是猛犸象数量下降的时期，克洛维斯人把狗带到了北美洲。狗会携带狂犬病和犬瘟热，这些疾病能够在物种之间传染的，狗还可能通过跳蚤传播疾病。

专家们正在从猛犸象的骨骼中提取 DNA 样本，寻找它们曾经遭受过病毒传染的证据。也许不久的将来，猛犸象病毒传染的可能性被确认，会让人们重新认识这种陆地上最大哺乳动物死亡的更多秘密。

# 北非狮："百兽之王"曾作为税赋年年上缴

北非狮又叫巴巴里狮，是狮子的一个亚种，分布在北非从摩洛哥至埃及的广阔区域内。野外最后一只北非狮是于1922年在阿特拉斯山脉被射杀。现在欧洲只有不超过40只饲养的北非狮的后代，全球则少于100只。

狮子曾广泛分布于除了撒哈拉沙漠和热带雨林之外的非洲大陆，但随着人类的不断猎杀和围捕，除了一些国家级动物园里少有分布外，野生狮子已不多见了。

西非狮、北非狮同现在非洲狮一样，体重在120～250千克，体长1.4～1.92米。北非狮则更显威武，据记载最大的北非狮长3米，比现在的狮子要长30厘米左右，是世界上最大的狮子。

区别于其他猫科动物，雄狮有明显的鬃毛，为的是相互打斗时起保护颈部的作用。尾端的角质刺也是显著特征。狮子还是猫科动物中唯一能真正发出吼叫的动物，吼声可传到八九千米以外。

狮子的视力极佳，在很远以外就能发现猎物，集体捕食，速度快且效率高。狮子主要捕食有蹄类，如牛羚、大羚羊、斑马，有时也捕食大象、犀牛，吃饱后要喝大量的水，然后回到隐蔽处消磨时光。

狮子在动物界中一直被视为"百兽之王"，可是人类并没有特别保护它。

早在 16 世纪。欧洲人就踏上了西非和北非。来到这里后，他们经常进行狩猎活动，并把猎杀狮子视为最隆重的狩猎活动，显示勇敢和技巧。狮子在西非、北非一天天地减少，到了 1865 年，最后一头西非狮也倒在了枪口之下，野性北非狮也在 1922 年永远消失了。

在西欧国家的历史上，作为权势和勇敢的象征，狮子比其他任何动物更受人类的青睐，其图案或雕塑曾广泛出现在建筑、图画、国旗、国徽、皇宫饰品、钱币等处。英国、苏格兰、挪威、丹麦等国的国王在其王冠上都饰有狮子的图像。狮子也出现在苏黎士、卢森堡、威尔士和德国黑森州等国家和地区人们佩带的臂章上。

罗马人对斗兽活动有着本能的狂热。早在公元前 46 年，在裘里斯·凯撒统治的极盛时期，具有嗜血传统的罗马竞技场广受上流社会和贵族们的喜爱，凯撒大帝命人将大量的野生雄狮赶进场内，挑逗它们与训练有素的角斗士搏斗。被人从黑暗的地牢中赶到了刺眼的阳光下后，这些狮子开始疯狂地撕咬杀人。几百名手持长矛、利剑和兽网的角斗士奋力冲杀，观众席传来了此起彼伏的欢呼喝彩声。历史上并没有当时角斗士伤亡人数的记录，而当表演结束时，却有 400多头雄狮已倒地而亡。

那些死在凯撒及其前后的统治者手中的狮子几乎毫无例外是从它们在北非的家园,即当今的阿尔及利亚、突尼斯、利比亚和埃及捕获的。这些被称为北非雄狮或阿特拉斯雄狮的猛兽曾是古埃及人

捕猎的对象，它们不朽的雕像守护着伦敦特拉法尔加广场，它们从肩胛骨一直披到后背中部的华美鬣鬃闻名遐迩，浓密的鬃毛流苏般从腹部、肘部一直延伸到大腿内侧。它们比撒哈拉亚种的同宗狮子体形更健壮，宽阔的面庞上镶嵌着一双清澈的灰色眼睛。

　　罗马帝国土崩瓦解之后很久，尽管各个帝王对待北非雄狮的残忍程度不同，但它们依然遭受着人们的无情捕杀。

　　在 20 世纪初期，除了摩洛哥境内寒冷的阿特拉斯山区残存着一个北非雄狮种群外，其余的都已灭绝。

035

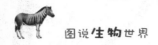

到了 20 世纪 20 年代，这一小片人烟稀少的避难所也没有躲过人们的枪口，最后一头有记录的野生北非雄狮于 1922 年被一个农民射杀。除了少量的皮毛和骨骼散落在欧洲的博物馆中，北非雄狮似乎已永远地消失了。

摩洛哥首都拉巴特城外有一个临时的动物收养所，拉巴特动物园中有 23 头狮子的血统可以直接追溯到 19 世纪它们生活在阿特拉斯山区的祖先——北非雄狮。

在整个 19 世纪，生活在阿特拉斯山区、彪悍的柏柏尔人捕获到活的北非雄狮后，都献给摩洛哥苏丹以代替赋税。在马拉喀什和非斯的皇宫中，这些皇家雄狮得到庇护，繁衍生息，而野生北非雄狮早已灭绝多时。

20 世纪 70 年代以来，它们一直被饲养在拉巴特动物园中，由兽医布拉希姆·哈德纳博士继续看护着这一片僻静的繁衍地。为了确保它们不会在灾难中灭绝，哈德纳已经把 60 头北非雄狮送到世界各地的动物园。如果北非雄狮的种群要想存在延续下去，那么从这些摩洛哥皇家雄狮和它们后代的体内，人们将会找到这些宝贵的基因。

为了能够恢复北非狮的基因，英国牛津大学的一个研究小组对博物馆中落满灰尘的北非狮骨骼皮毛进行筛选并在各自领域收集到了活着的或已经灭绝的狮子的样本，他们还收集到曾经生活在伊朗、南非好望角地区以及北非的狮子骨骼标本。借助现代技术，遗传学家从这些死去多年的骨骼中提取出 DNA。

　　如果皇室雄狮的血统真像历史记录中所讲的那么纯，它们的子孙将有望再次回到阿特拉斯山脉的崇山峻岭间！

# 南极狼:狼一般的悲悯敌不过人的残忍

在 19 世纪以前,阿根廷最南端的圣克鲁斯省西面的福克兰群岛上生活着一种犬科动物,也叫福克兰犬、福克兰狼、福岛胡狼或福克兰狐。但它们实际上并不属于狼,几乎从不攻击人类。由于福克兰群岛非常接近南极圈, 因此动物学家们为此种犬类取名为南极狼。南极狼可以说是世界上生活在最南端的犬科动物,是一种区域性特别明显的动物,是研究生物多样性不可多得的样本。然而由于人为的因素,南极狼已于 1875 年灭绝。

南极狼是福克兰群岛唯一一种陆栖的哺乳动物,最接近的亲源种是栖息在阿根廷巴塔哥尼亚的巴塔哥尼亚狐,它们在近代也被引进福克兰群岛。

南极狼的模样同狗很相近,只是眼角斜,口稍宽,吻尖,尾巴短些且从不卷起,垂在后肢间,耳朵直立不曲。

为了生存,南极狼在长期的进化过程中变得犬齿尖锐,能很容易地将食物撕开,几乎不用细嚼就能大口吞下;臼齿也已经非常适应切肉和啃骨头的需要。南极狼的毛色随气温的变化而变;冬季毛色变浅,有的甚至变为白色。

在福克兰群岛,南极狼没有食物之忧,许多南极狼性格温顺,从不攻击人类,没有天敌,这里的环境让它们曾经拥有一段处于食物链顶端的幸福时光。

福克兰群岛海岸线曲折,潮湿多雾,岛上的草原广阔,并且水草丰美。18 世纪中叶,人们开始利用这里的天然草场发展畜牧业;到了 18 世纪末,这里的畜牧业已经相当发达,岛上的大部分居民都从事畜牧业。广阔的草原养育了种类繁多的食草动物和啮齿类动物,也给南极狼提供了良好的生活空间及食物来源。

因为食物丰富,南极狼与人类相安无事,它们明智地懂得,不招惹这些可以拿刀拿枪的人类可以免去不少的麻烦。所以在当地畜牧业没有大规模起来之前,人类对捕食草原野兔、田鼠、狐狸等的南极狼并无太多的敌意,那是生态平衡中人与狼的短暂蜜月期。

但随着草原羊群的越来越多,南极狼逐渐沾染了偷食羊和家畜的习性,这样就增加了当地牧人对南极狼的厌恶。于是,牧人们就纷纷联合起来,开始大规模捕杀南极狼。

1833 年,英国政府对福克兰群岛的占领更加速了南极狼的灭亡。英国人的侵入并没有使当地牧人停止对南极狼的捕杀,而是和同样对狼恨之入骨的侵略者一起组成了强大的灭狼队伍。他们用英

国人带来的枪支对付南极狼。随着枪声不断响起，所剩不多的南极狼也一个个地倒在血泊之中。到了 1875 年，南极狼已经被当地的牧人和英国人彻底消灭了。动物界中唯一温顺的南极狼连尸骨也未曾留下。

可是就在人们为消灭南极狼的欢呼声还未落地时，他们自酿的破坏生态平衡的苦酒已经为他们准备好了！

失去天敌的食草动物和啮齿类动物给当地带来了更大灾难。这些动物在没有天敌的情况下，迅速繁殖，数量日益增多。它们大量啃食、破坏草场，使原来丰美的草场变得一片狼籍，取而代之的是大片大片的沙化土地，失去草场的人们不得不转卖或宰杀无草可吃的羊群，另寻谋生的路子。

也许，这件事情正是给我们人类上的一堂有价值的课，只有维持生态平衡，保护生物生存环境，这个地球才会更加可爱与美丽。

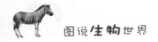 

# 斑驴：亡于欧洲人的竭泽而渔

　　在没有见到斑驴之前，你绝对想象不到世界上还有这样的动物：它们既像驴子又像马，前半身有着斑马的美丽条纹，后半身条纹消失，与普通的棕色马没什么两样。可它与我们常见的斑马不一样，优雅，得体，奔跑速度快，有"草原骑士"的美誉。大自然给予斑驴的神韵让它的近亲们如马呀、驴呀的感到嫉妒，正因为这不一般的神韵，在贪婪的欧洲殖民强盗罪恶的黑手伸向神奇而原始的非洲大陆时，它们的梦魇就开始了……

　　按照动物学家的说法，斑驴是草原斑马的亚种，因此它又名半身斑马、拟斑马，顾名思义，其前半身像斑马、后半身像马。它们最初是由南非的土著霍屯督人发现的。虽然非洲动物种类十分丰富，但这个类似于斑马的奇异动物生性机敏，对入侵的人和兽都充满强烈的敌意。尽管如此，它的发现者仍然对它充满了好感，并将其驯服，作为家马的守护神。可是生性喜欢自由的斑驴性情倔强，1860年，伦敦动物园一头斑驴由于不能忍受长期的禁锢生活，愤然撞墙而死，举世震惊！

042

斑驴生长在水草丰茂的南部非洲，肉质非常鲜美，而且脂肪和赘肉很少，出肉量相对较大，因此一直是非洲人主要猎食的对象。但当地人原始的狩猎方法以及人口比例刚好维持生态平衡，并没有给斑驴群体造成什么影响，因为被追到的斑驴大多是群体中较弱小

的,这反而保证了斑驴种群的优胜劣汰、健康繁衍。

然而,在 19 世纪初期,欧洲的资本主义国家进行血腥的原始资本积累,向除欧洲外的世界各大洲疯狂掠夺,这些生长在南部非洲的斑驴群体就开始感到"吃不消"了。

欧洲的强盗们看中了斑驴亮丽的皮毛,这些斑驴就大祸临头了:来自欧洲的高鼻蓝眼强盗举起了屠刀,大量猎杀斑驴,剥下皮做成标本运回欧洲市场出售。由于他们要的是美丽的斑驴皮,为保持皮子的整洁,下刀前他们不会用棍棒击打使之昏迷,多是在驴子清醒时由颈项下方刺入,给可怜的斑驴增加了无尽的痛苦。这种惨无人道的方式血淋淋地进行了一段时间后,连强盗们也受不了斑驴临死前的惨叫,就试着用溺水、枪击、活埋、毒杀等凶残手段,目的还是为了保持皮子的完整。

当时的欧洲人看到如此美丽的动物都眼前放光,喜欢得不得了,听说付出一笔不大的钱就可购得一头,许多人就慷慨买下。于是行情一路上涨,许多人开始收购斑驴标本,一时斑驴标本价格昂贵。由于利益的驱使,更多的人来到非洲猎杀斑驴,使斑驴数量进一步减少。

这样的大屠杀持续了很久,到 19 世纪 70 年代,斑驴已经所剩无几了。强盗们获利多多,他们眼前只有黄灿灿的金子,别的什么都看不见了。

　　斑驴的捕捉量越来越少，也让他们明白了斑驴总有捕光的一天——但他们绝不是担心斑驴物种的消失会带来什么后果，他们只是怕断了财源！于是贪婪的欧洲强盗们开始捕捉活斑驴运回欧洲，

试图用人工饲养的方法进行繁殖,好让自己继续财源滚滚。

一切利欲熏心的保存物种者都不会考虑物种本身的感受。欧洲的强盗们只是把这些物种当作工具,当作"摇钱树",所以他们不会真正研究斑驴的生存环境和生活习性,不会给予斑驴必要的呵护,他们认为只要像鸡鸭一样运到欧洲就行了,不会花钱为斑驴营造适宜的生存环境,只希望斑驴到了欧洲后就马不停蹄地交配、下崽,越多越好,越快越好。他们恨不得把斑驴直接变成下金蛋的神驴!

原生地的斑驴的结局可想而知:1878 年,人们再也捕捉不到野生的斑驴了! 而那些之前运到欧洲的活斑驴,根本不能适应那里的生存环境。因为那些一天到晚只关心交配、下崽的强盗们根本不会想到如何让来到异地的斑驴正常地生活下去,他们粗鲁地认为只要有草、有水就行。于是,这些原本自由地驰骋在非洲草原的可爱生灵,在欧洲强盗竭泽而渔的掠夺下,一个接一个客死异域。

3 年后,即 1883 年,最后一只斑驴怀着驰骋草原的梦想死于荷兰的阿姆斯特丹动物园,并留下了唯一的一张斑驴的照片。照片中,它已被孤独和禁锢折磨得无精打采,从它凄迷的眼神中,希望人们能够读得懂那刻骨铭心的无望和悲哀!

现如今,科学家想透过克隆技术,期望能够把这种已灭绝的动物复活,重现于世。但不知这个梦想还有多远?

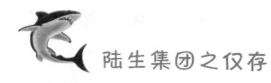

# 陆生集团之仅存

关键词：中国犀牛、麋鹿、大熊猫、藏羚羊、指狐猴

导　　读：这是一组种族稀少而又弥足珍贵的动物，如今，它们的生存受到人类的严重威胁，包括人为捕杀、环境污染等因素。

# 中国犀牛：怀璧其罪的千年复制

中国犀牛是人们对生活在中国的亚洲犀牛大独角犀（印度犀）、小独角犀（爪哇犀）和双角犀（苏门犀）的统称，它们在中国生存了几千年，曾经广泛分布于大半个中国。但由于它们头部的犀角比黄金还珍贵，使它们从远古时代便受到人类的大肆猎杀，从未间断，终于，在 20 世纪初的中国，它们已踪迹罕见，并于 1957 年后在中国彻底消失。

由于时至今日仍不能禁绝的盗猎行为，犀牛的保护者不得不定期割去部分犀角，以保护它们躲过铤而走险的盗猎者罪恶的子弹。

中国犀牛一般体长在 2.1～2.8 米，高 1.1～1.5 米，重 1 吨。它有着异常粗笨的躯体，短柱般的四肢，庞大的头部，全身披以铠甲似的厚皮，吻部上面长有单角或双角，还有生于头两侧的一对小眼睛，超近视。相貌够丑了吧？可是它是很有趣的动物：它很怕羞，胆子小，不伤人；可以站着入睡；在谈恋爱时双方都会吹口哨；它们用鼻子哼、咆哮、怒吼，表达自己强硬的意愿；打架时还会发出呼噜声和尖叫声；它们在受伤或陷入困境时却凶猛异常，不过往往会盲目地冲向敌人，用头上的角猛刺对方，也不管刺不刺得中，转身就跑；它们虽然体型笨重，但短距离内奔跑能达到每小时50千米左右。

犀牛繁殖率很低。母犀牛每3~4年才生一只小犀牛，孕期15~18个月，寿命可达50年。

在中国历史上的夏、商、周直至汉代以前，犀牛都是常见的动物。

距今3000多年前的安阳殷墟，不仅出土了大量当时被称为"兕"的犀牛的遗骨，一块甲骨文卜辞上还记载殷王曾"焚林而猎"，一次捕获犀牛71头。真

可谓杀鸡取卵，竭泽而渔。

大规模猎杀犀牛的重要目的，是"殪以为大甲"，即剥下犀牛皮制作盾牌、铠甲。《吴越春秋·勾践伐吴外传》记载，当时仅吴王夫差就有十万三千名身穿犀牛皮甲的勇士。据《周礼·考工记》记载，这一时期还出现了专事犀甲制作的工匠，称为"函人"。而当时流行的"吴戈犀甲"是精锐兵器的代称，说的是雄踞江浙的吴国，出产最好的犀甲与精良的戈。

剥皮制甲之外，犀角也为当时中原各国贵族所钟爱,《考工记》记载,当时的上层人士中流行"以兕角为觥",也就是拿比象牙还要稀有的犀牛角做成盛酒器。即便是在黄河以北犀牛较多的殷商时代,犀牛也是帝王和贵族才能享用的物品,人们将其与夜光璧、夜明珠等相提并论。

到了汉朝,随着犀牛栖息地的进一步减少(公元前 2 世纪的西

汉时期,犀牛已经在中原地区消失),王公贵族也不易得到犀角了,就连湖南长沙马王堆汉墓中出土的随葬明器中,也不得不以木犀角模型代替象征身份和财富的犀角了。

犀角更是一味珍贵的传统中药,与鹿茸、麝香、羚羊角一直并称为中国四大动物名药,其功能为清热解毒、定惊止血。犀角还以颜色、花纹定品级,分成文犀、通犀、夜明犀、粟眼犀及能解蛊毒的蛊毒犀等多种。1960年代的上海药材市场上,犀角每两(16两制)300

元(合每千克 9600 元),冬虫夏草每千克 57.6 元,两者相差 165 倍!不过现代医学认为,犀角属角质类,其以满复合的碳酸钙链为框架形成紧密的分子组合,几乎无法为人体吸收,故实际药用价值不高。但是,零星的药效远远不抵犀角杯之珍贵给拥有者带来的满足感更为重要。这直接导致了即便在战国以后金属冶炼已经大规模推广、铁甲取代了犀甲后,犀牛依然无法摆脱被大规模捕杀的厄运。

让我们来看一下中国犀牛在历史上的灭绝之路。

盛唐时期,中国犀牛的生存北界已从青海西宁至福建漳州一线,南宋以后,犀牛的栖息地缩至岭南两广地区和云南。除了人类捕杀、开荒烧林丧失栖息地的原因外,从公元 500 年前后的气候变冷也一个重要因素:犀牛是喜欢温暖气候的热带、亚热带动物。

明清以后,持续恶化的生存环境把犀牛局限在云南南部,犀牛数量变得稀少,犀角也越显珍贵。这时,腐朽的清政府南方各省官员做了件对犀牛来说是敲骨吸髓的事:为垄断犀角,官府发出公告,不许民间乱捕犀牛,只许官方围杀。于是,抱着升官发财梦的官兵带给犀牛又一次雪上加霜的杀戮:当时最多出动上千官兵,能捕到几十头犀牛!官方资料显示,在 1900~1910 年的十年间,官方和民间进贡的犀角就达 300 多只。而民间也不乏铤而走险偷猎犀牛的。所以到 20 世纪初的中国,中国犀牛的数量寥寥无几了。

1916 年，一头双角犀（苏门犀）被捕杀；1920 年，一头大独角犀（印度犀）被杀；1922 年，一头小独角犀（爪哇犀）被杀；在民国建立后的十余年间，共有残存的 10 头犀牛丧命；之后，滇南最后 3 头中国犀牛分别于 1948 年在腾冲、1950 年在勐海、1957 年在江城被捕杀。至此，中国犀牛再也不用担心受到猎杀了，它们的惊魂终于入土为安！

目前，中国犀牛中的印度犀仅分布于印度北部和尼泊尔等地，仅千余头；爪哇犀现在仅存于爪哇岛极西部，总数不过几十头，且无人工饲养，濒临灭绝；苏门犀现在东南亚有零星分布，但尚比爪哇犀略多，现存数百头。

而在当代的国际市场上，由于收藏不断升温，犀角制品拍卖行情仍一路飙升：在 2006 年纽约的一次拍卖会上，一件清朝康熙犀角杯竟卖出 1850 万元的天价。国际黑市中，好的犀牛角，每千克价值 5 万美元；完好带角的犀牛头，一颗高达 100 万美元。

在南非，盗猎犀牛十分猖獗：2011 年，南非野生动物保护区内 448 头犀牛遭猎杀；2012 年前 3 个月，109 头犀牛遭猎杀，平均每天超过 1 头！

我们不知道，在黑市的暴利面前，这些看似雄壮的犀牛，到底还会支持多久……

# 麋鹿：“四不像”的回国路

麋鹿是中国特有的动物，俗称“四不像”，也是世界珍稀动物。它在八国联军入侵中国时被盗运到欧洲，此后在中国本土绝迹。后来在世界自然基金会和中国政府的努力下，出于拯救濒危动物、恢复原有习性的共识，中国麋鹿再次回归故土，在它祖先生长的故乡茁壮成长，演绎了世界动物保护史上的时代传奇。

麋鹿在中国有 200 多万年的历史，但在距今约 3000 年的商周时期以后迅速衰落，直到清朝初年野生麋鹿最后绝迹。清朝后期，中国大地上只有一群约 200 只的麋鹿，圈养在 210 平方千米的北京南海子皇家猎苑。

麋鹿是一种温顺的鹿科动物，性好合群，善游泳，喜食豆科类嫩草和其他水生植物。体长 1.7～2.17 米，体重 120～180 千克，角较长，颈和背比较宽厚，四肢粗壮，可以在湿地、沼泽地中奔走如飞。即使在恋爱季节，公鹿也不像梅花鹿、马鹿、白唇鹿那样攻击人，甚至公鹿之间为争夺配偶的角斗也是温和的，没有激烈的冲撞和大范围的移动，角斗的时间一般不超过 10 分钟，失败者只是掉头走开，胜

利者不再追斗，很少发生伤残现象。雌麋鹿的怀孕期比其他鹿类要长，一般超过九个半月，是鹿类中怀孕期最长的，一般于第二年 4～5 月产仔，而且每胎只产一仔，尚无双胞胎或多胞胎的记载。

中国麋鹿的消失开始于它被国际学术界的关注。1865 年，法国博物学家兼传教士大卫无意中发现了南海子皇家猎苑生活着他从未见过的麋鹿。大卫以 20 两纹银买通猎苑守卒得到了两只麋鹿，制作成标本，于 1866 年寄到巴黎自然历史博物馆，被确认为从未发现的新种，从此，麋鹿学名被称为"大卫鹿"。之后，英、法、德、比等国采取各种手段从北京南海子猎苑弄走几十头麋鹿，饲养在各国动物园中。

1900 年，八国联军攻入北京，南海子麋鹿被西方列强盗抢劫一空，麋鹿在中国本土灭绝。而那些圈养于欧洲动物园中的麋鹿很多因不能适应而纷纷死去。从 1898 年起，英国十一世贝福特公爵出重金将各国动物园中剩下的 18 头麋鹿悉数买下，放养在伦敦以北占地 3000 英亩(约合 12 平方千米)的乌邦寺庄园内。这 18 头麋鹿成为目前地球上所有麋鹿的祖先。二战时，这个种群达到 255 头，乌邦寺庄园因害怕战火，开始向世界一些大动物园转让麋鹿。到1983 年底，全世界麋鹿达到 1320 头。

物种最好的恢复地莫过于回归它的本土。1985 年 8 月 24 日，

在所有希望麋鹿得到最好恢复繁衍的人士的共同努力下，首批22头麋鹿乘专机从英国乌邦寺回到故土北京，当晚运至南海子麋鹿苑，实现了麋鹿百年回归的夙愿。

1986年8月14日，在世界自然基金会和中国林业部的共同努力下，来自英国七家动物园的39头麋鹿返回故乡——江苏大丰，放养在780平方千米的大丰麋鹿保护区。江苏大丰麋鹿保护区是世界上面积最大的，拥有世界上最大的麋鹿种群，并已建立世界最大的麋鹿基因库。大丰麋鹿国家自然保护区也是亚洲东部、太平洋西岸最大的湿地之一，这里湿地生态种类齐全，生物多样性极其丰富，林茂草丰，人迹罕至，是麋鹿野生放养

的天然理想场所。适宜的生态环境加上保护区工作人员的精心管护,其野生种群数量,繁殖率和存活率均居世界首位。

保护区从 1998 年开始着手实施拯救工程的第三个阶段"野生放归"。十年间 4 次放归 53 头麋鹿,野生麋鹿逐年递增。经过多年时间的跟踪观察和监测,麋鹿的野生行为不断恢复,它们在野外具有较强的识别能力和自然保护意识,连续 3 年在完全自然的情况下成功产仔,并全部成活。麋鹿成功回归大自然,基本实现人与自然和谐、社会环境与生态环境平衡的建设目标,成为世界麋鹿保护过程中的一座里程碑。

经过多年精心护理,大丰保护区已经形成了林、草、水、鹿、鸟共生的生态模式和完整的麋鹿生态系统,到 2010 年 6 月已达到 1618 头,约占世界麋鹿种群的 40%。其中野生种群数量达 156 头,是世界上最大的野生麋鹿种群,结束了数百年来麋鹿无野生种群的历史。目前世界麋鹿总数已经繁殖达 4000 头,但仍然是一个濒危物种。令人欣喜的是,2009 年 1 月 8 日,一队科学考察团于洞庭湖发现 27 头麋鹿,这是全球首次发现有野生麋鹿的足迹。

截止到 2012 年 3 月,中国已有北京南海子、江苏大丰、湖北石首、河南原阳 4 处麋鹿繁育基地,麋鹿总数量增至约 3000 头,占全世界麋鹿总数的三分之二以上。

# 大熊猫：娇憨可爱"国宝"迷倒全世界

　　大熊猫，一般称作"熊猫"，是世界上最珍贵的动物之一，数量十分稀少，属于国家一级保护动物，体色为黑白相间，被誉为"中国国宝"。大熊猫是中国特有种，体型肥硕似熊，憨态可掬，头圆尾短，非常可爱，迷倒了全世界亿万民众。

　　在 1961 年世界自然基金会成立时，就以中国大熊猫为其标志。在新中国外交史上，中国大熊猫的赠送成为最隆重的文化盛事：从 1957 年至今，中国先后将 23 只大熊猫分别赠送给苏联、朝鲜、美国、日本、法国、英国、墨西哥、西班牙、联邦德国等国家。2007 年，中国宣布不再对外赠送大熊猫，但允许租借。

　　大熊猫一般为黑白色，但陕西秦岭发现过白色大熊猫（除眼圈、四肢下部外全身均为白色）和棕色大熊猫（两耳、眼圈、肩胛及四肢的毛均为棕色），秦岭大熊猫还因头部更圆而更像猫，被誉为国宝中的"美人"。

　　大熊猫喜食竹子的嫩茎、嫩芽和竹笋。每天取食的时间长达 14 个小时，进食 12～38 千克食物，接近其体重的 40%。成年大熊猫没

有天敌，但因净生殖率低，一胎一只，所以种群增长缓慢。大熊猫的幼崽出生时只有 90 ~ 130 克，大概只有母熊重量的千分之一，野外幼崽的成活率约 60% 左右。

大熊猫被世界人民所认识并深深倾倒还有一段曲折的经历。很多年以来，大熊猫一直是"养在深闺无人识"。

在腐败无能的清朝，法国传教士大卫于 1869 年到中国四川西部采集新物种标本时，在李姓猎户家中惊喜地发现一张黑白相间的奇特动物皮，当地人叫这种动物"白熊"、"花熊"或"竹熊"，性格温顺，一般不伤人。大卫异常激动这次发现，立即雇佣猎人抓捕一只"竹熊"，决定把这只可爱的"黑白熊"带回法国。但还没运到成都就

死掉了,无奈将其做成标本送到法国巴黎的国家博物馆展出,立刻引起轰动。博物馆主任米勒·爱德华兹将其命名为"大猫熊",后来又以讹传讹把"大猫熊"叫成了"大熊猫"。从此,"大熊猫"为世界民众

所熟知和喜爱。

从那以后，一批又一批的西方探险家、游猎家和博物馆标本采集者来到大熊猫产区，试图揭开大熊猫之谜并猎获这种珍奇的动物。但他们始终没能捕获到一只活的大熊猫。

1936年，35岁的纽约女服装设计师露丝·哈克利斯的新婚丈夫来中国寻找大熊猫，不幸病死在上海。两个月后，露丝决定到中国继续寻宝。露丝的探险队仅有两个人——她和25岁的美籍华人杨昆廷。当年11月，他们从四川汶川山林中一个枯树洞里捉到一只毛茸茸的小熊猫，惊喜得难以置信！露丝以为这只不到3磅(约合1.36千克)的小家伙是雌性(后来证明是雄性)，取名"苏琳"，最后在上海海关她采取行贿的办法登上了到美国的轮船，把苏琳装在一个大柳条筐里，在海关登记表上写上"随身携带哈巴狗一只"便混出了海关。

大熊猫苏琳到来的消息传遍了美国。轮船在旧金山码头靠岸时，正是圣诞节的前一天，惊喜万分的美国人在码头上举行了盛大的欢迎仪式，他们为珍贵的客人安排了最豪华的套房，召开隆重的欢迎晚会。苏琳被送到许多大城市展出，所到之处无不引起轰动。曾经为寻找大熊猫到过中国的罗斯福的儿子西奥多见到苏琳时，十分动情地说："如果把这个小家伙当作我枪下的纪念品，我宁愿用我的

儿子来代替。"最后经过激烈的竞争,芝加哥的布鲁克菲尔德动物园获得了苏琳的收养权。人们像潮水般涌向这里,参观者最多的一天达4万人次,超过了该动物园的最高纪录。

苏琳的一举一动都成为报纸的新闻,商人们争先恐后的赶制大熊猫形象的产品,时髦女郎身着大熊猫图案的泳装招摇过市,甚至一种鸡尾酒也以大熊猫为名。露丝和苏琳的故事成为畅销书,并搬上了银幕。不幸的是苏琳只活了一年,后被做成标本永久陈列。

大熊猫苏琳一时间成为了全世界的动物明星。从1936年到1941年,仅美国就从中国弄走了9只大熊猫;英国人也不示弱,从1936年到1938年的3年之间,就收购了9只活的大熊猫,并把其中6只带到了英国。二战期间,伦敦动物园的大熊猫"明"在德机的轰炸下表现淡定,饮食玩耍如常,成为伦敦市民心目中的战时英雄。在战争最严酷的时候,报纸仍然在报道"明"的生活。"明"于1944年底去世,《泰晤士报》刊登的讣告称:"她可以死而无憾,因为她给千百人带来了快乐"。

从20世纪40年代开始,中国政府开始限制外国人的捕猎活动。但在1945年12月,英国人偷偷地组织了一支200多人的队伍,到汶川进行大搜捕,终于捕获到一只大熊猫,并偷偷运到英国。

如今,大熊猫的繁衍生息受到全世界的关注。在四川卧龙自然保护区和陕西秦岭自然保护区，野生群落逐年壮大，人工培育大熊猫的科研技术发展形势喜人，第三次全国野生大熊猫普查显示："国宝"总数已达 1600 只。无论是在人工饲养环境还是野生环境中，"国宝"大熊猫都正在无忧无虑地健康成长，快乐生活。

# 藏羚羊：轻盈"沙图什"的血腥之约

　　"沙图什"是一种世界公认的最精美、最柔软的华贵披肩。一条长2米、宽1米的沙图什重量仅有百克左右，轻柔地把它攥在一起可以穿过戒指，所以又叫"指环披肩"。这种披肩已成为欧美等地贵妇、小姐显示身份、追求时尚的一种标志。然而，一条"指环披肩"是以3只藏羚羊的生命为代价而织成的。

　　藏羚羊适应高寒气候，藏羚绒轻软纤细，其直径约为11.5微米，是克什米尔山羊羊绒的四分之三，是人发的五分之一，保暖性极强，被称为"羊绒之王"，也因其昂贵的身价被称为"软黄金"。一条沙图什披肩最高可在欧美市场卖到16000美元。

　　沙图什加工技术出自印度北部的克什米尔地区，唐朝玄奘的游记中就提到过克什米尔出产一种极柔软的披肩，可能就是沙图什。在印度北部，曾经流行攒钱为女儿购买沙图什的习俗，作为母亲送给女儿的最珍贵的嫁妆而世代相传的。17世纪60年代，沙图什第一次传到了欧洲。18世纪70年代起，沙图什在欧洲上流社会的贵妇、小姐中成为显赫地位的象征。据说，拿破仑就曾送给他的情妇约瑟芬一条沙图什,约瑟芬十分喜爱,后来出手阔绰的她先后买了 40 条。我们无法想象,当西方上流优雅的舞会上旋转着华贵的皮草和轻柔的披肩时,有多少无辜善良的可爱生灵在哭泣!

西方时尚界对沙图什的狂热追求,是导致上世纪 80 年代末和 90 年代初不法分子对中国藏羚羊进行疯狂盗猎、大肆杀戮的直接原因。

为了掩盖沙图什背后的血腥与残忍,沙图什的贩卖者谎称藏羚羊会在灌木林中脱毛,他们是收集脱落的羊毛进行加工的。多少年来,欧美等地的消费者一直因这个谎言而安心享用沙图什。实际上藏羚羊在每年夏季自然更换绒毛时是零星掉落,随着藏羚羊的四处奔走觅食而随风飘散,在广袤的、风沙密集的"生命禁区",收集比人的头发细得多的绒毛根本是不可能的。

藏羚羊主要分布在海拔 4600～6000 米的中国青海、西藏、新疆人迹罕至的荒漠高原区,中国特有物种,群居,历史曾经有数百万之众,被称为"可可西里的骄傲"。

藏羚羊背部红褐色,腹部浅褐色或灰白色,体态轻盈,四肢匀称,性情胆怯机警,听觉和视觉发达,极难接近,奔跑迅速,时速可达 80 千米,常使狼等食肉兽类望而兴叹。雄兽有角,长 60 厘米,细长似鞭,乌黑匀称,异常漂亮,又是抵御敌人的利器。

藏羚羊勇敢顽强，而且很有同情心。当狼突然逼近时，雄羊会把母幼围在中间，低着头以长角为武器与狼对峙，也常常使狼无从下手，只得作罢。它们之中出现"伤员"时，大队藏羚羊就会放慢前进的速度来照顾它们，以防止猛兽吃掉负伤者。

它们这个善良的习性往往被疯狂的盗猎分子所利用。每当夜晚，盗猎者开着汽车，朝即将临产的雌性藏羚羊群横冲直撞、疯狂开枪扫射时，群体中出现伤者，即使死亡在即，整个群体谁也不愿独自逃生，宁肯同归于尽！因此盗猎现场常常是血流成河，尸横遍野。

藏羚羊是高原上的勇士，它们从不屈服于来自自然界的任何灾难，从未放弃过这里的家园。由于生存环境过于艰苦，雄性藏羚羊寿命仅有 7-8 岁，雌性寿命最长不超过 12 岁，因此藏羚羊种群虽然庞大，但是非常脆弱，一旦濒危就很难恢复。

揭露绒毛获取真相的是美国博物学家乔治·夏勒博士。1992年，夏勒在历经两年的跟踪调查之后，向世人宣布:制造沙图什的唯一原料就是藏羚羊的羊绒，采集这种绒的唯一办法就是要将藏羚羊杀死。而由于沙图什贸易，近 90% 的藏羚羊在短短的几十年中消失了。

偷猎者利用藏羚羊在繁殖期母羊会集结成群的习性，大量对其进行捕杀。他们在围攻追赶藏羚羊群的同时对其进行扫射，待羊群

全倒地后剥取羊皮,这时许多小羊正孕育在母羊腹中,杀戮手段十分残忍,这种灭绝性的猎杀使藏羚羊的数量从 1990 年的大约为 100 万只,剧减到 1995 年的 7.5 万只。而每年至少有 2 万只以上的藏羚被猎杀,国际上每年藏羚绒的贸易额高达上千万美元。

由于对沙图什的消费直接导致了藏羚羊种群的迅速减少,世界上保护藏羚羊的呼声无不一致地指向了沙图什贸易。沙图什主要的消费对象是印度和欧美等国的富翁,加工地在克什米尔。

藏羚羊作为青藏高原动物区系的典型代表,具有难以估量的科学价值。藏羚羊种群也是构成青藏高原自然生态的极为重要的组成部分。中国政府十分重视藏羚羊的保护工作。1998 年 12 月,林业局发布了《中国藏羚羊保护白皮书》,呼吁国际社会通力合作保护藏羚羊。保护藏羚羊行动得到世界各国的积极响应,许多国家包括美国、中国和印度都在打击沙图什的持有者和出售者。国际爱护动物基金会从 1999 年起每年为中国藏羚羊保护捐赠 8 万 ~10 万美元,用于帮助青海可可西里、西藏羌塘和新疆阿尔金山三大自然保护区开展反盗猎行动和保护藏羚羊的宣传活动。

令人欣喜的是,由于保护藏羚羊的各项措施不断得到完善,截至 2012 年 8 月,藏羚羊数量已经从 2000 年岌岌可危的 5 万只回升到 12 万只以上。

# 指狐猴:因为丑和迷信受到棒杀

指狐猴生长在非洲马达加斯加岛的黑森林里,它是灵长类哺乳动物中唯一使用回声定位捕猎的物种,是人类不同寻常的远亲。指狐猴外形类似蝙蝠,全身黑毛,有狐狸似的长尾巴,嘴巴尖翘如鼠,牙齿暴突,配上大而圆的眼睛放出幽黄的亮光,怪异的长相让人猛一看见就会吓得一哆嗦。

指狐猴最怪异的地方是中指特别长、特别细,是其他手指的 3 倍长;还可转向任何方向,甚至能反过来触及自己的前臂;松开时,给人的感觉就像童话故事里的女巫。它就用这根中指抠开树皮搜寻藏在下面的幼虫,掏椰壳中的果肉,钻取蛋壳喝蛋黄。指狐猴能用小树枝和树叶在树洞里建成直径约 50 厘米的巢穴,白天睡大觉,晚上外出觅食和活动。

指狐猴食性较杂,包括各种水果和坚果,尤其爱吃树皮缝中金龟子的幼虫、蛴螬等和小甲虫,特别是树干的害虫,习性类似啄木鸟,是森林的益兽。但因为它长相怪异,昼伏夜出,当地人认为它是妖魔的化身,是不祥之物,对它又怕又恨。狐猴的拉丁文名字叫

"Lemur"，其意为"死去的精灵"，可见当地人对指狐猴的恐惧。因为狐猴大都有着鲜明如火的眼睛以及类似婴儿的啼哭声，在恼怒时还会发出类似于金属刮玻璃的难听声音。

当地很多人认为，如果一只指狐猴用长长的中指指着你，死神马上就会找到你。马达加斯加岛的萨卡拉瓦人的想法更恐怖，他们认为，指狐猴会藏在人们的家里，到了晚上用它那长长的中指刺穿"受害人"的心脏。因此，当地人一见到指猴就格杀勿论，并将尸体钉在十字路口的木桩上，希冀过往的人把厄运带走。这种迷信思想导致指狐猴的数量大幅减少。

对指狐猴来说还有一个问题，那就是它的胆子太大。它会高高兴兴地逛到一个村子，在周围悠闲地转转，然后大摇大摆地离开。在野外，它也乐意接近人，根本不知道人们对它的厌恶程度，还要在他们的脚周围嗅一嗅。很多马达加斯加岛人认为，指狐猴走进一个村庄，便预示着会有一个村民死掉，因此他们只要一看到指狐猴就会追杀它。

根据世界自然保护联盟的资料，指狐猴正面临灭绝的危险。栖居地的日益消失加上其他的威胁，指狐猴这一物种已变得很脆弱。

此外，尽管指狐猴在一年中的任何时候都可以生儿育女，但母猴经常会在生了一胎之后休息 3 年。这样一来，种群的数量就不能

很快得到补充。

　　由于雨林栖息地遭破坏，在有人居住的地方已经很难看到指狐猴了。当指狐猴失去森林家园时，就会转而以人类种植的椰子、甘蔗、芒果为食物。而农民为保护他们的作物也会杀掉这些指狐猴。

　　幸运的是，指狐猴有着许多关心它们的人类朋友。来自马达加斯加和世界各地的许多人，都在努力使现存的指狐猴保护地逐渐扩大。所有这些都是为了保护指狐猴以及其他野生动植物。

　　动物园也在努力人工喂养指狐猴。目前全世界只有 10 个动物园共 32 只指狐猴是人工喂养的。你可以在美国北卡罗来纳州的杜克大学灵长类动物中心，看见 20 只指狐猴在敲树枝——这是北美唯一能够看见指狐猴的地方。

　　相信在马达加斯加政府的关心下，以及科学家和各地自然保护人士的努力下，指狐猴将有一个美好的明天。

 水生集团之永恒

关键词：白鳍豚、塞舌尔象龟、大海牛、菊石

导　读：这是一组水生动物，它们曾经或凶猛，或庞大，或可爱，但是，一切都已成为过去时。悲悯逝者之时，是为了关怀生者——为活着的动物的生存空间和环境，而约束人类破坏之手。

# 白鳍豚:抢救"长江女神"回天乏术

鲁迅先生说:"悲剧就是将有价值的东西撕毁给人看。"当一种可爱的生灵,在人们百般努力下都无法让其恢复昔日的活力,眼睁睁看着其从我们面前消失,永远都不可能再回来时,那种伤痛是无以言表的。

2002 年 7 月 14 日,中国最后一只人工饲养的"长江女神"白鳍豚——淇淇在中科院武汉水生所孤独地沉入了池底,失去呼吸,终止了它 25 岁的生命,相当于人类的 70 多岁。这标志着一个有着"活化石"之称的 2500 万年的物种,在我们人类无休止的破坏污染中"功能性"灭绝了。

白鳍豚是生活在中国长江淡水中的特有的小型鲸类,为古老的珍稀水生哺乳动物,有水中"大熊猫"之称,也是世界上现存 5 种淡水豚中已宣布功能性灭绝的一种。白鳍豚长着长长的嘴巴,身体呈流畅的纺锤形,全身皮肤光滑细腻、富有弹性,每小时可达 60 千米的游速,平常保持每小时 10～15 千米的速度,显得优雅而从容。

白暨豚是有 36℃恒定体温、用肺呼吸的水生哺乳动物,每次出水呼吸时间约 1~2 秒钟，潜水时间每次约 20 秒，长潜时可达 200 秒。成熟个体最大体长，雌性 2.5 米、雄性 2.3 米，体重 100~150 千克。但在野生状态下，雌豚怀孕率一般仅为 30%，自然繁殖成功率更低。

美丽的白鳍豚生性胆小，很容易受到惊吓，分布在长江及沿江湖泊中的深水区，很少靠近岸边和船只，但它们时常游弋至浅水区，追逐鱼虾充饥。它们喜结群活动，小群约 2～3 头，大群约 9～16 头。

成年白鳍豚一般背面呈浅青灰色，腹面呈洁白色，这样当由水面向下看时，背部的青灰色和江水混为一体很难分辨；当由水底向上看时，白色的腹部和水面反射的强光颜色相近也很难被发现。这

使得白鳍豚在逃避敌害、接近猎物时，有了天然的隐蔽伪装。

白鳍豚是研究鲸类进化的珍贵"活化石"，它对现代仿生学、生

理学、动物学和军事科学等都有很重要的科学研究价值。但随着人类活动的加剧,白鳍豚数量减少的数度太让人吃惊了! 根据化石记载,白鳍豚于 2500 万年前由太平洋迁徙至长江,中国古籍《尔雅》中将其视之为江神。估计历史上曾经有 5000 头之多。

20 世纪 50 年代时长江中尚可见到较大群体,但 1980 年代初就只有 400 多头了,之后一路锐减:1986 年 300 来头,1990 年 200 来头,1998 年 7 头! 1999 年,农业部组织长江白鳍豚同步考察时,仅观察到白鳍豚 5 头! 2002 年 7 月 14 日,唯一人工饲养的淇淇去世。2006 年,来自中、美、英、德、瑞士、日本的 25 名专家,动用了最先进的搜寻设备,连续在长江干流等进行了为期 38 天、长达 3336 千米的大规模野外考察白鳍豚的行动,但未发现一条记录。

2009 年 10 月,英国《卫报》评出从 2000 年到 2009 年十年内野生环境中消亡的十大物种,中华白鳍豚居于首位。

更让人痛心的是,在抢救白鳍豚的过程,我们一次次与命运之神失之交臂。

淇淇是“女神”中的一个,1980 年 1 月 11 日从洞庭湖口被渔民捕获,送进中国科学院武汉水生物研究所人工饲养,成为世界上唯一人工饲养的白鳍豚。1986 年又捕获一只雌性白鳍豚,取名珍珍,准备与琪琪完婚,然而还没等珍珍性成熟,它就于 1988 年患急病死了,人们在它的胃里找到了 700 克的铁屑玻璃和石子! 原因仅仅是池塘上方的遮阳篷质量不好,刮大风经常把铁屑、木片等杂物落入池中,被珍珍误食。而之前管理者也发现问题,想转移池塘,但因找不到合适的场地而拖到死神的降临,希望终于化为泡影。

1995 年,人们再次偶然捕到的一只雌豚不幸在次年的一次洪水中触网而死。

1999 年底,一只长两米的白鳍豚在上海崇明岛搁浅,但由于当地渔民不认识,竟置之不理,7 天后,当救护人员赶到,白鳍豚已饥渴而死。

2002 年 7 月 14 日早晨,淇淇终于孤独地死去。

2011 年 7 月 6 日,在长江中打鱼的渔民发现了 3 只疑似白鳍豚,出现在长江江面。但没有有力证明。

科学家们断言,长江中的白鳍豚处于食物链顶端,没有任何天敌,因此其消失不可能是自然原因造成的,"是滥捕滥捞、水上运输、污染物排放等人类活动致使白鳍豚消失的"!

由于人类活动增加和活动不当,使白暨豚意外死亡事故增多。据统计,1973 ~ 1985 年间,共意外死亡 59 头,其中因鱼用滚钩或其他渔具致死 29 头,占 48.8%;因江中爆破作业致死 11 头,占 18.6%;因轮船螺旋桨击毙 12 头,占 20%;搁浅死亡 6 头,占 10%;

误进水闸 1 头,占 1.6%。另据统计,长江下游水域中意外死亡的白暨豚,有三分之一是被轮船螺旋桨击毙的。

科学家们说,在历年收集的白鳍豚标本中,死亡的白鳍豚中超过 90%是人类活动直接造成的。

专家们分析,使白暨豚锐减的另一个主要原因是,长江水体污染日趋严重,鱼类资源迅速减少,使白暨豚赖以生存的食物资源愈来愈匮乏,最终使抢救工作变得徒劳无功。

# 塞舌尔象龟："伊甸乐园"的噩梦

印度洋上的塞舌尔群岛由 100 多个岛屿组成，是个美丽的生物天堂，岛上物种丰富，植物有 500 多种，其中 80 多种是世界上其他地方所没有的；陆生动物和昆虫达 5000 多种，有 2500 种以上也是世所罕有的。这儿还因传说是亚当和夏娃居住过的地方而有"伊甸乐园"和"爱情之岛"的美誉。

17 世纪以前，塞舌尔群岛曾是象龟的领地，至少有 6 种象龟在这里生存过。塞舌尔象龟是象龟中体型较大的一种，体重大约有 270 千克，身长也有 1.2 米。它的头部呈淡黄色，顶部有对称排列的大鳞片；背甲隆起，似大象宽厚的背，龟壳中央有大黑斑块；四肢呈圆柱形，有大的鳞片，趾指间无蹼。它们白天藏在岩石下睡觉，夜晚便成群结队地出来进行觅食、交友等活动。

塞舌尔象龟是草食动物，喜食瓜果、蔬菜、青草，偶尔也吃肉食。它也能耐得饥渴，一只塞舌尔象龟可以 18 个月不吃不喝而不至于毙命。塞舌尔象龟耐热性强，在 1℃~45℃间都可以很悠然地生活，但是怕低温。象龟的寿命很长，可算是动物中寿命最长的。1737 年，

科学家们在印度洋的一个岛上捕获了一只 100 岁的象龟。这只龟被送到英国，在一个动物园又活了很长的时间,20 世纪 20 年代还生活在那里。

乌龟向来是以行动迟缓著称的，塞舌尔象龟因为块头太大,所以走得慢更是理所当然的。它一小时才能走 620 米,可以说比蜗牛都慢。当地的民众还有一个骑象龟的有趣比赛,让小孩子骑上象龟,看谁能够在最短的时间里爬到 10 米的地方。你可不要以为很简

单:因为这个重两百多千克的大个子如果闹情绪了,把脑袋、肢一缩,任你怎么折腾也只有干瞪眼的份儿!

在塞舌尔当地,如果家庭条件允许,每当有一个婴儿降生的时候,这个家庭就会收养一个小象龟,让它和婴儿一同成长,以求长命百岁。

从 16 世纪初开始,先是葡萄牙人,接着是是英国人,再后来是法国人先后占领毛里求斯,进而进驻塞舌尔群岛。而真正对象龟大

开杀戒的是 18 世纪的欧洲水手们，他们因为常年在海上航行，食物匮乏，后来发现象龟个头大，肉味鲜美，便屠杀象龟作为船上的储存食物。一开始，他们把象龟肉用盐腌制起来，储存在船舱中。后来偶然一次来不及宰杀，把一只象龟带到船上，放到仓库里。几个月后才想起来，发现象龟仍活得好好的，从此，水手们就把象龟弄到船上，吃的时候随时宰杀，以便吃到新鲜的象龟肉。

然而，这种对象龟的捕食是灭绝性的。据 18 世纪的航海日记记载，当时一艘船上要捕食 1000 至 6000 只象龟！这是多么疯狂的掠食者！所以几十年之后，当 18 世纪末的时候，塞舌尔群岛和印度洋的其他岛屿上已找不到象龟的影子了。

早在 1766 年，占领毛里求斯的法军司令部收到一只象征着吉祥的塞舌尔象龟，赠送者还以探险家马里恩的名字将它命名为马里恩象龟。1810 年，英国人又从法国人手中夺得毛里求斯的占领权，而那只马里恩象龟也成了英国人的战利品。也许当时它还不知道，它已经成为这个世界上最后的一只塞舌尔象龟，它的许许多多的兄弟姐妹已永远地离开了曾经快乐成长的家园。

1918 年，第一世界大战行将结束的时候，一个英国士兵手中的枪走了火，比它的同类们多活了 100 多年的塞舌尔象龟被打死，标志着塞舌尔象龟在这个星球上的灭绝。

# 大海牛：温顺巨兽横遭野蛮杀戮而灭绝

　　18 世纪后期，在白令海附近的科曼多尔群岛，生活着一种海洋中第二大哺乳动物——斯特拉大海牛，它们身躯庞大，长达 7~8 米，重达 3~4 吨，行动迟缓，以浅海中海藻等水生植物为食。大海牛性情温顺善良，当群体中有一伙伴受伤时，同伴们就会围拢过来进行救助，对人类毫无戒心。可恶的捕猎者利用海牛的这一特点，贪图它的皮和肉，对其野蛮杀戮，使其在被发现后的短短 26 年中就走向灭绝。人类的贪婪真的是没有止境啊！

　　斯特拉大海牛又叫斯氏大海牛、无齿海牛，学名巨儒艮，俗名美人鱼，是海牛目儒艮科动物，在地球上至少生活了 800 万年，主要生活在白令海附近的科曼多尔群岛。

　　斯特拉大海牛身躯庞大，它们喜欢栖息在河口附近的浅海水域里，整天不断地采食水生植物海藻等。它们吃草的时候动作有些像陆地上的牛一样，一面咀嚼，一面还不停地摆动着头部。像其他海中的哺乳动物一样，大海牛每隔四五分钟就会浮出水面呼吸一次。斯特拉大海牛性格温顺善良，常常十几头或几十头组成一个群体。如

089

果群体中一头受了伤，伙伴们就会把它围拢在中间来帮助它。在没有被人类特别是西欧贪婪的资本掠夺者发现之前，斯特拉大海牛就这样在海洋里无忧无虑地生活着。

它们的灭顶灾难开始于 1741 年。这一年的 6 月，欧洲博物学者乔治·斯特拉，也就是斯特拉大海牛的发现者，当时正搭乘俄国探险家维他斯·白令率领的探险队船只，寻找从勘察加半岛到北美洲

的航线。他们在完成横渡北太平洋航行的返航途中,船只遇险,许多船员死去,而斯特拉等幸存者则漂流到了科曼多尔群岛,发现了沿海的大海牛,数量也不过 2000 头。因为在 17 世纪就有一些俄罗斯人和哥萨克人在白令海峡一带经营毛皮生意,其中就有许多大海牛的皮。这是西方世界第一次发现这种大海牛,从此人们把这里的大海牛定名为斯特拉大海牛。

1742 年,斯特拉等回到了勘察加,带回了许多斯特拉大海牛的皮和肉,并对斯特拉大海牛的所见所闻以日记的形式作了详细记述,成为后来研究大海牛习性的珍贵资料。斯特拉还赞美斯特拉大海牛全身是宝:肉味细嫩鲜美;脂肪含有对人体有益的 DHA 和 EPA,还可以提炼润滑油;厚实的皮可以用来制作耐磨皮革;其肋骨具有象牙般的光泽,价值不菲。

俄国的皮毛商人一下子就对斯特拉大海牛皮发生了兴趣。他们纷纷来到科曼多尔群岛,开始了无情的捕杀。首先遭难的是那些成年的斯特拉大海牛,到后来连那些幼仔也没能逃脱。

1767 年,最后一头斯特拉大海牛被人类残忍杀戮。

斯特拉大海牛从发现到灭绝只用了短短的 26 年时间,在人们还没有更多地了解它们的时候,那些贪婪的皮毛商人就使斯特拉大海牛永远地从地球上消失了。

今天，我们了解斯特拉大海牛多半是从它的发现者斯特拉的日记里，作者笔下的大海牛是憨厚可爱的，那些猎人的杀戮也是残忍的。但斯特拉没有对这种灭绝行为持明显的否定态度。

斯特拉在日记里写道："这种动物从来不接近沙滩，一直栖息在水里；皮肤又黑又厚，犹如橡树皮；按身体各部分的比例，其头部较

小；没有牙齿，嘴里只有两片又平又白的骨头，一块在上颌，一块在下颌。"大海牛似乎不会潜水，至少进食时它们只将部分身躯埋入水中，在岸边啃食潮线附近接近海面的大型藻类。斯特拉的记录中提到它们会"集体进食，幼兽会被围在群体中央保护"。

大海牛天敌可能包括虎鲸与大型鲨鱼。但最大的威胁还是来自人类。由于大海牛不畏惧人类，加上活动范围接近岸边，行动又慢，因此相当容易捕捉。斯特拉称它们"从来不叫，即使受伤也如此"。关

094

于大海牛的文献记录中，曾提到有一头雌性大海牛被捕杀拖上陆地，而另一头与它同行的雄性大海牛就在岸边停留不肯离去，时间至少持续了 2 天以上。斯特拉的日记中也记载，当有同伴受伤时，其他的大海牛会试图加以援救，根据猎人的说法，它们会尝试拔出受伤同伴身上的鱼叉。

相对于动物的同情心，人类的杀戮更显得毫无人性可言。斯特拉在日记中描述："他们用巨锚一样的铁钩深深扎入海牛皮肉中，然后用 30 个身强力壮的人拉紧绳子，将奋力抵抗的海兽拖上岸，接着用刀、棍等锐利的器具猛击海牛的身体，受到重创的海牛即使前肢被砍掉，皮肤绽裂，伤口血流如注，可仍在扭动着庞大的身躯挣扎。它的叹息和呼喊是沉闷的，很快被海边的浪涛声淹没，但仍不时地发出沉重的挣扎的声音。当一只雌海牛被钩住时，另外一只雄海牛不顾人们的痛击，拼命把绳子往水里按或用尾部拍打铁钩，试图解救它的配偶……第二天，我看见那只雄海牛悲哀地呆立在已被人们肢解的雌海牛的身边……白令岛到处弥漫着血腥味。"更让愤慨的是，那些猎杀者的暴殄天物："人们每捕杀 4 只，往往就有 1 只被拖上岸却又被无所谓地遗弃掉！"

作为博物学家的斯特拉，留给大海牛的，除了其名字，还有无尽的血泪回忆。

# 菊石:神秘的阿蒙神圣石

菊石原本是一种已绝灭的古老的海生无脊椎软体动物,生存于约4亿年前的泥盆纪至晚白垩纪,比恐龙还要早1.7亿年。菊石的壳体是以碳酸钙为主要成分的锥形管,因表面通常具有类似菊花的线纹而得名。

菊石的名称最早是由罗马博物学家普林尼于公元88年在他的著作中提出的,他把菊石称为"阿蒙神的角",从而使菊石的一出现就被蒙上神秘的力量。原来,阿蒙神是埃及的风神和空气神,后来尊称为第一创造神,在埃及诸神中具有显赫地位,是埃及的国神。阿蒙神一般为人形,有时也以羊和鹅的形象出现,以羊的尊容出现时,头上长着螺旋状的角,与古老的菊石的外壳有着惊人的相似。

因此,当菊石一出现在世人面前,人们出于对阿蒙神的崇拜和敬畏,没办法不对菊石保持着神秘的膜拜心理,普林尼更是将菊石视为圣石,在著作中称它有以梦幻预言未来的魔力。

在中世纪的欧洲,人们把菊石视为盘曲的无头蛇,英国人把菊石称为"蛇石"。英国约克郡的一个小城一直传说菊石是7世纪的

圣女希尔达砍了头的古代小蛇的故事,因而这个小城的城徽上绘有
3个蛇头菊石。据说巫师利用菊石能够使沉睡的神灵显圣。

菊石化石的纵剖面呈美丽的螺旋形,棕黄色半透明,色如琥珀,

中国闽、台一带民间认为菊石可以转运、行气，给人带来好运气、好风水，收藏的人很多，大都在室内成对摆放。其中以个体硕大、玉润色美者为佳品，更精美的可称宝石级收藏品。

　　4亿年前在海底活动的菊石无论如何也想象不到它会在人们的精神领域中产生如此重要的作用。

菊石壳体的旋卷程度各不相同，大致可以分为松卷、触卷、外卷、半外卷、半内卷和内卷。壳体外形也多种多样：由薄板状至圆球形，有的呈三角形旋卷，有的呈直杆状或呈环形、腹部尖形、平板状或圆形等。菊石类壳体的大小差别也很大，一般的壳几厘米或者几十厘米，最小的仅有 1 厘米；最大的则比农村的大磨盘还要大，可达

到 2 米。就是因为这种种的不同,古老的菊石散发出迷人的神韵,成为后世人们争相收藏的珍品。

但在 6500 万年前,随着恐龙的消失,菊石这种海洋软体动物,也随着物种大灭绝时代的到来退出历史舞台。菊石的种类很多,最后灭绝的一种是异形菊石。它有着独特的外表,呈松散的、不完全的盘绕状,是菊石们最后的辉煌。

至于灭绝的原因,也有几种说法,其中最主要的是行星撞击地球引发气候的大变化,菊石的主要食物浮游生物大量死亡引发菊石"断粮",困饿而死。

同时,有的科学家提出菊石有超强的适应能力而未灭绝的说法,它在进化中舍弃了笨重的外壳,以避免行动迟缓和目标太大遭遇更多的捕食者,认为现代的枪乌贼等也许是菊石的后代;更有人认为外形与其相近的纸鹦鹉螺是菊石后代的一支。当然,这些还需要更有力的证据来支持。

菊石在研究古生物时代中有着重要的参考价值。菊石是推算岩石年代最有用的化石。利用菊石,专家可以将地质年代划分精确到 50 万年。也许这会让你不以为意,可是如果你认同地球的年龄为 46 亿年,那么 50 万年就是非常短的时间段。侏罗纪和白垩纪的大部分时期,就是利用菊石以此种方法划分的。

# 水生集团之仅存

关键词：鲨鱼、扬子鳄、中华鲟

导　读：这是一组水生动物种族中极度稀有品种，它们的存在为生态平衡添加了重要的分量。同时，还为人类对地球环境变迁、生物进化等研究，提供了最重要的参考价值。

# 鲨鱼:鱼翅的口腹之祸

鲨鱼已经生存了近 4 亿年,却有可能在一代人的时间里,因为一种奢侈的食品而灭绝,这真是一件既令人悲哀又具有讽刺意义的事情。

——国际野生动物保护组织野生救援协会执行总监 奈彼德

2007 年 7 月,国际野生动物保护组织"野生救援协会"就鲨鱼在全球面临的种种威胁发布报告指出, 由于鱼翅消费量大幅度上升,已经导致鲨鱼鳍的需求量激增,鲨鱼鳍的需求量现在远远超过了鲨鱼的供应量,同时,消费者对鲨鱼鳍的需求导致了全球渔业普遍存在"在海上切鳍的行为"(即鲨鱼的鳍在渔船上被切割掉,然后将鲨鱼的尸体丢弃在海里)。鲨鱼渔业已经导致鲨鱼种群数量锐减,非法渔船进入海洋保护区和其他国家水域偷猎鲨鱼的现象也愈演愈烈。

由于偷猎鲨鱼的行为在加拉帕戈斯群岛周围的海域非常猖獗,厄瓜多尔已经禁止出口鲨鱼鳍。但是,该国在 2007 年 6 月份缴获了 18000 只鲨鱼鳍,这些鲨鱼鳍本来是要经过秘鲁走私到亚洲的。在 2006 年,印度尼西亚有 365 只渔船因从事非法捕捞鲨鱼的作业而在澳大利亚海域被扣押,绝大多数都有"海上切鳍"的行为。

在我们品尝了由鲨鱼的鳍做的鱼翅汤时,也许我们不会想到,

104

鲨鱼一旦被割去了背鳍，就会因为失去平衡能力沉到海底饿死。有一说认为鲨鱼被割鳍后是因缺氧而死。

所谓鱼翅，就是鲨鱼背鳍中的细丝状软骨，是用鲨鱼的鳍加工而成的一种海产珍品。据有关营养学家表示，吃鱼翅没什么意义，一碗鱼翅与一碗粉丝的营养价值没什么区别。

但因为鱼翅的价格甚高，近年吸引各地渔民争相在海中捕杀鲨鱼，引致海中生态出现不平衡，导致部分鲨鱼濒危。据统计50年来鲨鱼总数大幅减少——下降了80%；而每年全球有100万鲨鱼被捕杀，鱼翅的年产值达到12亿美元。

劝告人们不要食用鱼翅，还

在于 7 成左右的鱼翅被汞污染,如果大量食用可能会对健康产生威胁。

近几年来,由于陆源污染、不合理的海洋开发和海洋工程兴建、海洋石油勘探开发污染、倾倒废物污染、船舶排放污染、海上事故污染、湿地人为破坏等因素,对海洋生态环境造成严重破坏。而鲨鱼处于海洋食物链的顶端,当它吃其他海洋生物时,一系列有毒物质以及重金属元素富集于鲨鱼体内。比如,三丁基锡是用于船体防污涂料中的一种化合物,在意大利沿岸海域捕获到的鲨鱼的肾脏内已发现这种化合物。在东地中海的几种鲨鱼物种组织样本中也已经发现汞、镉、铅、砷等金属元素。

如果人类烹食鲨鱼翅,有害物质就会通过食物链转移、富集进入人体,直接危害人体健康。例如吃了受污染的鱼翅后,重金属积聚会损害人体的中枢神经系统、肾脏、生殖系统等。所以,鱼翅对你的健康安全有害无益。

针对不容乐观的鲨鱼生存现状,国际渔业组织也在筹划在大西洋和地中海上禁捕鲨鱼的协议,但是对太平洋和印度洋还没有相应的禁捕计划。

有消费才有杀戮。目前捕鲨的唯一目的是获取鱼翅,只要我们不去消费鱼翅,那么就可能给世界的鲨鱼无数个生存机会!

# 扬子鳄:"最温驯鳄鱼"的家族复兴梦

扬子鳄是中国特有的一种鳄鱼,具有2亿多年的历史,故有"活化石"之称,是世界上现存23种鳄鱼中最濒危的一种。扬子鳄与美洲密西西比鳄是目前仅存的2种钝吻鳄,并与"地球霸主"恐龙"沾亲带故",在科学研究上有重要价值。

扬子鳄或称作鼍,因其外貌非常像"龙",所以俗称"土龙"或"猪婆龙"。它是现生鳄类中体型最短小、行动最迟钝、性情最温驯的鳄类。成年扬子鳄一般只有1.5米长,体重约为36千克,主要分布在皖、浙、鄂、赣等长江中下游地区等。建于1982年的扬子鳄国家级自然保护区位于安徽省宣城地区,面积44000平方千米,主要保护扬子鳄及其生存环境。

扬子鳄喜欢安静,昼伏夜出。但它也喜欢大白天到洞穴附近的岸边、沙滩上紧闭双眼、一动不动地晒太阳,像段木头。但一旦遇到敌害或发现食物时,它就会立即甩动粗大的尾巴,迅速沉入水底或追逐食物。

扬子鳄以各种小型兽类、鸟类、爬行类、两栖类和甲壳类动物为

食。但扬子鳄尖锐锋利的牙齿真是没用:因为是槽生齿不能撕咬和咀嚼食物,只能像钳子一样把食物"夹住"然后囫囵个吞下去。所以当扬子鳄运气不错捕到较大的陆生动物,又咬不死它时,就把它拖入水中淹死;相反,捕到较大的水生动物咬不死它时,又把它抛上陆地,使其缺氧而死。

扬子鳄也非常聪明,当它遇到大块食物吞咽不下时,就拖着食物在石头或树干上猛烈摔打,直到把它摔软或摔碎后再张口吞下。这可是个力气活!如还不能吞得下,它干脆把猎物丢在一旁,任其自然腐烂,等烂到可以吞食了再去吃。

这种用餐方式,没有一副好胃口可不行:扬子鳄有一个特殊的胃,这只胃不仅胃酸多而且酸度高,因此它的消化功能特别好。

扬子鳄有冬眠的习性,从 10 月下旬开始到第二年的 4 月中旬,长达半年之久。因为一年中有半年的时间都在地下,所以大自然

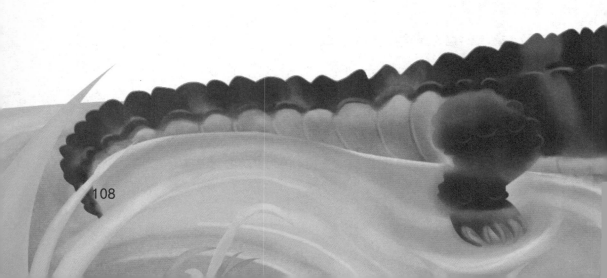

教给扬子鳄高超的筑穴本领：洞穴距地面两米深，有洞口、洞道、卧室、卧台、水潭、气筒等。卧台是扬子鳄躺着的地方，在最寒冷的季节，卧台上的温度也有 10℃左右，扬子鳄在这样高级的洞内冬眠，肯定十分舒适。

扬子鳄繁衍后代上还有一个有趣的温度控制"生男生女"现象，这是怎么回事呢？原来在纯吻鳄的卵孵化过程中，在 30℃以下孵出来的全是雌鳄，在 34℃以上的全是雄鳄，在 31℃～33℃之间孵出来的，也是以雌性为多数。

19 世纪,扬子鳄幸福地出没于长江下游,喜在丘陵溪壑和湖河的浅滩上挖洞筑穴,它们离不开水。在陆地上动作笨拙迟缓的扬子鳄,一旦到了水里却如鱼得水。而这种水陆两栖的特点,导致了扬子鳄家族的悲惨命运。

扬子鳄筑穴的浅滩后来多被开垦为农田,丘陵植被被大量破坏,丘陵地带的蓄水能力大大降低,干旱和水涝频繁发生,使扬子鳄不得不离开其洞穴,四处寻找适宜的栖息地。这种迁移过程又为自然死亡和人为捕杀增加了许多可能性,所以迁移的道路也是九死一生。多年来,因为偶尔袭击家禽或家畜,加之长得又丑,扬子鳄遭到人们大量的捕杀,洞穴被人为破坏,蛋被捣坏或被掏走。而化肥农药的使用也大大减少了扬子鳄的主要食物——水生动物的数量。

扬子鳄分布范围缩减到赣、皖、浙三省交界的狭小地区。1981年,野生扬子鳄仅存数 300～500 条。

为了拯救扬子鳄,中国政府于 1982 年在安徽宣城投资兴建了安徽省扬子鳄繁殖研究中心,经过 10 多年的努力,扬子鳄人工孵化成活率达 95.4%,种群数量有了很大增加,如今中国大约圈养了 10000 头以上的扬子鳄,初步圆了扬子鳄的家族复兴梦。

不过,遗憾的是,野生扬子鳄的生存环境依然遭到严重破坏,其数量相对于人工养殖,日益锐减。

# 中华鲟:"爱国鱼"的艰难返乡路

中华鲟又称鳇鱼、中国鲟、鲟鱼、苦腊子、鳣,国家一级保护动物,是一种大型的溯河洄游鱼类,每年 9 ~ 11 月份,它们由长江入海口溯江而上达 3000 千米,到金沙江至屏山一带进行繁殖。成年中华鲟雄体一般重 68 ~ 106 千克,雌体是雄体的两倍在 130 ~ 250 千克,文献记载最大中华鲟体重达 560 千克,长近 4 米,寿命可达 100 多岁,有"长江鱼王"之称。

中华鲟是我国特有的古老珍稀鱼类,在大约 1.7 亿年前恐龙统治地球的白垩纪,中华鲟就在地球上繁衍生息,是世界现存鱼类中最原始的种类之一。作为世界上最古老的脊椎动物之一,中华鲟在分类上占有极其重要的地位,是研究鱼类演化的重要参照物,在研究生物进化、地质、地貌、海侵、海退等地球变迁等方面均具有重要的科学价值和难以估量的生态、社会、经济价值。中华鲟被誉为"活化石"、"水中大熊猫"。因中华鲟特别名贵,外国人也希望将它移到自己国家的江河内繁衍后代,但中华鲟总是恋着自己的故乡,即使被移居海外,也要千里寻根,洄游到故乡的江河里生儿育女。在洄游

111

途中，它们表现了惊人的耐饥、耐劳、识途和辨别方向的能力，所以人们给它冠以闪光的"中华"二字，"爱国鱼"的名誉由此而来。

中华鲟肌肉和卵粒中均含有 17 种常见的氨基酸，肉味鲜美，况且其体内所含的抗癌因子是目前主药源鲨鱼的 15～20 倍。中华鲟全身是宝，商品价值也极高：皮可制革；鳔称为"鳇鱼肚"，含有丰富的胶质，可配制上等漆料，并可入药；脊椎骨、鼻骨等均为上等佳

肴,素有"鲨鱼翅,鲟鱼骨,食之延年益寿,滋阴壮阳"之说;体表由硬鳞形成的骨板可制作工艺品;尤以鱼卵最为名贵,用鲟鱼卵制成的"鱼子酱",含脂量极高,被视为世界三大珍味之一。

　　所以，中华鲟过去一直遭到过度捕捞；特别是1982 年举世闻名的长江葛洲坝工程的兴建,拦断了中华鲟产卵洄游通道,打乱了中华鲟原有的产卵环境和规律,使种群数量不断减少。一条成年中华鲟每次产卵数以万计,由于要面对天敌吞食、人类捕捞、污染侵害等危险,真正能游到大海"长大成鱼"的中华鲟只有万分之一甚至几十万分之一。同样,一条成年中华鲟要洄游到长江上游产卵,也可谓是千难万险、九死一生,要躲过无数鱼网、螺旋桨的侵袭,要忍受多少污染的毒害……回乡之路是如此之难!

2001 年 8 月,世界自然资源保护监测中心公布的调查报告称:中国"长江鱼王"——中华鲟的资源量已不足 3000 尾,而且仍在以惊人的速度锐减。

为了保护中华鲟免于濒于灭绝的危险,成立于 1982 年的葛洲坝中华鲟研究所,每年向长江投放中华鲟规格幼鲟 30 万尾以上,先后向长江投入各种规格的中华鲟幼鲟 444 万尾;同时采取多种措施加强抢救工作。一是实行全江禁捕和限制科研用鱼。二是开展了广泛的宣传和教育活动,形成全社会保护中华鲟的氛围和共识:沿江渔民误捕中华鲟后均能自觉放生,发现不法分子偷捕能举报,市场上经营利用中华鲟的行为已绝迹。

目前中华鲟繁殖量已达 25 万多尾,初步扭转了几年前中华鲟濒临灭绝的不利局面。

## 飞行集团之永恒

关键词：大象鸟、渡渡鸟、旅鸽

导　　读：任何一种生物的存在都有其必然的价值与作用，一旦失去某种生物，也在宣告着在某一生态环节出现了断裂。

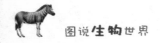

# 大象鸟：最大鸟类被人类逼上绝路

　　大象鸟生存在马达加斯加岛，又叫隆鸟，是鸵形科中较大的属，一般也被称为象鸟。隆鸟的意思似乎可以解释为"高高隆起的鸟"。大象鸟平均高 4 米，个别的达 4.5~4.8 米，如陈列在今天巴黎自然史博物馆的一副大象鸟的骨架就达 4.68 米；记录的最大个体达 5.5 米，比 1800 万年前在新西兰灭绝的恐鸟还要高 2 米，当然，也比现在世界上第一大鸟——鸵鸟更高。

　　大象鸟身躯健硕，脖子很长，脑袋很小。圆钝的喙，粗壮的大腿，是一种善于奔跳而不会飞的巨鸟。它重约 450 千克，因太重而飞不起来，胸前的龙骨已退化消失，但它的腿相对来说则粗壮有力，爪子分三趾。大象鸟虽然个头凶猛，但性情温和，以水果和树叶为食物。大象鸟的肉多而且鲜美，又因其羽毛修长美丽，所以常常被当地的土著居民捕食，而羽毛则用来作为身上的装饰品。他们还用大象鸟的腿骨做成别致的项链，佩戴在胸前。这些只是当地的一种习俗，并不会对大象鸟造成致命的威胁。到了 17 世纪，马达加斯加的居民数量越来越多，大象鸟所生存的森林栖息地被人类不断地侵吞、蚕食，再经过烧荒耕种，原来大片的森林逐渐被一览无余的农田所代替，大象鸟被迫隐居到仅存的林地生活。

再后来，森林越来越少，大象鸟不会飞，不得不到大片的旷野觅食，在相距越来越远的栖息林地之间奔波，这给人类增加了猎捕的机会；加之森林消失，原本以水果和树叶为食的大象鸟不得不到田地中觅食。这样一来，大象鸟就对当地土著人的庄稼收成产生了不小的影响，但当地土著人肚皮尚且填不饱，哪里肯给大象鸟留下口粮？他们对送上门的"肥肉"有了更多捕食的借口，借此机会连幼鸟和鸟蛋也一并弄来吃掉。

要知道，大象鸟体格高大，繁殖起来比其他鸟要困难得多，一枚至今还留在澳大利亚佩斯博物馆的鸟蛋长30厘米，重9千克，是普通鸡蛋的135倍！所以大象鸟生下一枚蛋是很不容易的，而孵化出幼鸟存活下来就更显得珍贵了。如果连蛋和幼鸟一并吃掉的话，简直是要把大象鸟逼上绝境。

越来越多失去家园的大象鸟，在人类无情的围追堵截之下，在惶恐的颠沛流离中惊吓、饥渴而死……

在这样掠夺式的穷追猛打之下，到17世纪中叶的1649年，是当地居民能够捕捉到大象鸟的最后一年。之后，贪图大象鸟鲜美肉香和美丽羽毛的土著居民，再也见不到一只这种只生活在马达加斯加岛的世界上最大的鸟了！

　　每一种可爱生灵的逝去，都给这个世界带来一片死寂！在世间万物面前，狂妄自大、自以为是的人类究竟要栽多少跟头，才能敬畏自然，善待众生？

119

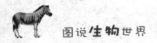 

# 渡渡鸟:"生死之交"的生物传奇

　　早在 17 世纪初,英语中就有了"渡渡鸟"这个名称的记载。"dodo"一词最早来自葡萄牙语的"doudo"或"doido",意思是"愚笨",当初可能取自渡渡鸟蠢肥的体型和不怕人类的习性;也有人说"dodo"是渡渡鸟叫声的拟声词。

　　渡渡鸟全身披着蓝灰色羽毛,体长 100～150 厘米,大小如北美的火鸡,黑色喙长 23 厘米,前端有弯钩,翅膀短小,黄色的双腿十分粗壮,臀部有一簇卷起的羽毛。渡渡鸟体型庞大,体重可达 23 千克。

　　在贪婪的欧洲殖民主义者的"地理大发现时代",每一处地理的发现史都带着血和泪。毛里求斯岛位于印度洋西南部,在欧洲人没有发现它之前是一座景色迷人的荒岛,1505 年,葡萄牙人马卡云拿发现了毛里求斯岛,把这里命名为"蝙蝠岛",这里有许多他们从未见过的美丽海鸟让他们大开眼界。最让他们吃惊的是热情好客的巨型渡渡鸟。

　　早在 2000 万年前,渡渡鸟就生活在这个地球上。毛里求斯岛

没有凶禽猛兽,一年四季花香鸟语,草木繁茂,渡渡鸟以树木果实为食,食物充足,快乐、幸福地生活在这个生物乐园里。但毛里求斯一年有干湿两季,渡渡鸟必须在食物丰富的湿季储存大量的脂肪,以抵抗干季食物的不足,所以它们身材臃肿;加之没有天敌,渡渡鸟翅膀退化,生性十分温驯,没有防备人类和其他动物袭击的任何能力。

然而欧洲的殖民者是来这里掠夺的,渡渡鸟对他们的亲昵和热情并没有打动他们。在与这些可爱的动物和睦相处了一段时间后,欧洲人忽然发现渡渡鸟是非常不错的美味,可怜的渡渡鸟面对人类的大棒和石块根本没有任何招架的能力,它们受伤了连逃跑都不会! 可恶的殖民者肆无忌惮地屠杀着这些几乎唾手可得的“肥肉”。

在目睹了多次同类的血流成河之后,可怜的渡渡鸟开始学会避开只会用木棒、石块和乌黑的枪口对付他们的人类。可是渡渡鸟没有快速奔跑和飞翔的能力,只能眼睁睁看着它们的同类一个个地被那些仿佛永远也吃不饱的家伙们击倒、剥皮、水煮或火烤着吃掉,一点办法没有! 它们弄不明白,为什么它们躲到哪里都逃不出那些可怕的高大的两足动物的阴影呢? 可怜的渡渡鸟们在血色中颤栗! 但噩梦仿佛没有尽头。

1599 年,荷兰人取代葡萄牙人的统治并改“蝙蝠岛”为“毛里求斯”,1644 年首批荷兰人定居毛里求斯,开始他们 100 多年的统

治,当他们不仅带来了猫、狗、猪等,甚至还带来了鬼鬼祟祟的老鼠时,更大的杀戮降临到那些已经九死一生的渡渡鸟头上了!

从这以后,大量的渡渡鸟被捕杀,就连幼鸟和蛋也不能幸免——人们任凭猫、狗、猪甚至老鼠对它们袭击和偷食。终于,在1681年,在贪婪、凶恶的欧洲殖民者面前,最后一只渡渡鸟带着对毛里求斯岛的无限眷恋倒在了得意洋洋的荷兰人的脚下。

从此,地球上再也见不到渡渡鸟了,除非是在博物馆的标本室和画家的图画中。

渡渡鸟灭绝不久,人们发现,一种在岛上非常普遍的热带树种

卡伐利亚树也日渐衰败,最后终于走向灭绝。

原来,毛里求斯岛上几乎到处是茂密的热带森林,有一特有树种——卡伐利亚树,也称为大颅榄树,树高可达 100 英尺( 约合 30 米 ),树围 14 英尺( 约合 4 米 )。该树木质坚硬细密,曾经是岛上大量出口的优质木材资源。树上每年都落一些李子般的果实,是渡渡鸟的最喜欢的食物。但这些果实落到地上是不能发芽的,因为这些种子外面包着厚厚的壳。只有被渡渡鸟吞食后,经过消化使外壳变薄的种子才能发芽,长出树苗来。渡渡鸟消失后,这些种子再也长不出树苗,渐渐地,原来遍布岛上的卡伐利亚树渐渐消失了,仅剩几棵300 年以上的大树。

人们一直百思不得其解。直到 1982 年,在渡渡鸟灭绝 300 周年的时候,美国威斯康星大学动物学教授斯坦雷·坦布尔,在岛上对卡伐利亚树作了几个月的深入研究,细心测定了大颅榄树的年轮后发现,它的树龄正好是300 年! 这才使真相大白于天下。渡渡鸟和卡伐利亚树就这样相依为命,结成"生死之交",演绎着生物界的别样传奇。

后来,毛里求斯当局采用科学方法磨薄卡伐利亚树的果核,并成功地培育出大量树苗;或者让火鸡来吃下卡伐利亚树的果实,以取代渡渡鸟,卡伐利亚树终于绝处逢生。

# 旅鸽:迟来的忏悔挽不回失落的美丽

在美国19世纪的历史上，也许再没有比旅鸽的灭绝更让所有的美国人扼腕叹息的了！

在人类毫无人性地肆意杀戮面前，短短50年间，移居北美的欧洲人就把这里最常见的、多达50亿只、是当时人口的5.5倍的美丽生灵——旅鸽，赶尽杀绝了！

面对旅鸽的迅速灭绝，人们曾经担忧过,想到过要设法保护。可这种担忧，仅仅表现为一种良知，不同于那些杀戮者却不付诸任何行动，所以这种担忧并没有给迅速消失的旅鸽带来任何有益的帮助，鸽群仍在不停地遭受猎杀。当这些良知者觉得要做些什么的时候，旷野里已再也看不到旅鸽的影子了。空寂的山林似乎告诉他们已经来不及了。于是，他们悔恨、自责，同时又怒气冲冲地谴责那些不留任何余地的杀戮者，对无辜的鸟儿采取最野蛮的毁灭方式。

19世纪的美国，还是欧洲人不断涌来移居的时代，他们带着殖民主义的眼光和心态，认为对于大自然赋予人类的一切，怎样夺取、占有都不过分。而对于生活在北美最常见的旅鸽来说，肉味鲜美,杀了来吃,甚至杀了作乐,有什么不可? 况且它们多得吓人。

旅鸽夏季时在北美洲落基山脉东部广大地区生活,冬季时南迁至美国南部。旅鸽迁徙的景象是壮观甚至可怕的。鸽群无边无际,遮天蔽日,当它们飞过时,城镇笼罩在黑暗之中,1813 年,鸟类学家奥杜宾记载过:"整个天空都是鸽子。正午的太阳被遮住了,好像发生了日蚀。"16 千米宽的鸽群,全部飞过整整用了两天时间,其壮观和优美令这位目击者深感震撼。上亿只旅鸽一起振翅飞翔发生巨大的轰响如同打雷,而鸟粪雪片一样纷纷飘落,弄得到处一片灰白。

欧洲人来到这里之后,由于旅鸽肉味鲜美,性喜群飞群落,比较容易捕捉,开始遭到他们大规模的围猎。他们采取许多狠毒的方式,毫无人性地打死无数的旅鸽:他们焚烧草地,或者在草根下焚烧硫磺,让飞过上空的鸽子窒息而死;他们甚至坐着火车去追赶鸽群,进行枪杀、炮轰、放毒、网捕、火药炸……无所不用其极。猎杀的成果是惊人的,每年要杀掉 1 亿多只鸽子。有人甚至曾吹嘘一天之内杀死 1 万多只旅鸽。这种杀戮几乎没有什么明确的目的,人们无法处理堆积如山的鸽尸,就用它们来喂猪,甚至仅仅是为了取乐。曾经,一个射击俱乐部一周就射杀了 5 万只旅鸽,有人一天便射杀了 500 只。他们把这些罪恶一一记录下来——那是他们比赛的成绩。

还有人想出更歹毒的方法——把一只旅鸽的眼睛缝上,绑在树

枝上,张开罗网。它的同伴们闻讯赶来,于是——落网。有时候,一次就能捉到上千只。他们甚至称那只不幸的旅鸽为"媒鸽"。"媒鸽",最

初就是"告密者"的称呼。而这些可怜的美丽鸟儿,因为眼睛被弄瞎,总能招徕更多的同类落网!

自然就是这样,你可以无休止地索取、杀戮,它一声不吭地忍受着;一旦你越过了那条线,它就会在你面前土崩瓦解,让你根本没有机会忏悔和补救。

1878 年,除了密歇根州,美洲已经看不到成群的旅鸽了。但贪婪的人们仍不肯罢手,密歇根州的枪声从未停止。这一年,密歇根州人为了 6 万美元的利润,就在靠近佩托斯奇的旅鸽筑巢地,捕杀了 300 万只旅鸽。两年之后,这种最大的聚集群落的鸟儿就只剩数千只了。1900 年,最后的野生旅鸽在俄亥俄州由一名 14 岁的男孩所射下。

1914 年,第一次世界大战爆发,当人类忙于相互屠杀时,世界上最后一只旅鸽"玛莎"死在了在辛辛那提动物园。"玛莎",名字来自美国开国元勋华盛顿的妻子玛莎·华盛顿。

蓝灰色的后背,鲜红的胸脯,尖尖的尾巴,绚丽迷人的旅鸽玛莎永远离去了。懊丧的美国人为旅鸽立起了纪念碑,上面写着:"旅鸽,是因为人类的贪婪和自私而灭绝的。"美国政府曾以 1500 美元的奖励悬赏搜寻一只旅鸽,可是至今没有一个人得到奖赏。

近百年来,无知的人类已将物种灭绝的速度提高了 1000 倍!

全世界每天有 75 个物种灭绝，每小时有 3 个物种灭绝。很多物种还没来得及被科学家描述就已经从地球上永远地消失了。

飞行集团之仅存

关键词：朱鹮、几维鸟、金斑喙凤蝶

导　　读：严格意义上讲，人类与动物也是相互依存的关系，动物的生存环境、生存状态，也在预示着人类的未来命运。

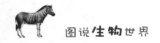 

# 朱鹮:"东方宝石"的绝处逢生

朱鹮又称朱鹭、红鹤、朱脸鹮鹭、日本凤头,是世界上一种极为珍稀的鸟,素有"东方瑰宝"、"东方宝石"之称,被世界鸟类协会列为"国际保护鸟"。它过去曾广泛生活在中国、朝鲜、日本和原苏联远东地区,现在在其他国家早已绝迹。中国的朱鹮在失踪了20多年后,直到1981年,人们才在陕西省洋县姚家沟重新发现了7只野生朱鹮,当时曾轰动世界。经过悉心保护,使世界仅存的朱鹮绝处逢生。目前中国朱鹮已有2200余只,其中野生种群700余只。朱鹮已经成为中国特有物种。

朱鹮长喙、凤冠、赤颊,一身羽毛洁白如雪,两个翅膀的下侧和圆形尾羽的一部分却闪耀着朱红色的光辉,显得淡雅而美丽;朱鹮颈部披有下垂的长柳叶形羽毛,独具神韵;体长约80厘米左右,体重1.4~1.9千克,姿态优雅、庄重美丽。由于朱鹮的性格温顺,中国民间都把它看做是吉祥的象征,称为"吉祥之鸟"。

朱鹮性情孤僻而沉静,胆怯怕人,平时成对或小群活动在天敌较少、环境幽静的近水湿地。朱鹮对生态环境的条件要求较高,只喜

欢在海拔1200～1400米的疏林地带和丘陵的高大树木上栖息和
筑巢,晚上在大树上过夜,白天则到没有施用过化肥、农药的稻田、
泥地或土地上,以及清洁的溪流等环境中去觅食。主要食物有鲫鱼、
泥鳅、黄鳝等鱼类,蛙、蝾螈等两栖类,蟹、虾等甲壳类,贝类、田螺、
蜗牛等软体动物,蚯蚓等环节动物,蟋蟀、蝼蛄、蝗虫、甲虫、水生昆
虫及昆虫的幼虫等,有时还吃一些芹菜、稻米、小豆、谷类、草籽、嫩
叶等植物。它们在浅水或泥地上觅食的时候,常常将长而弯曲的嘴
不断插入泥土和水中去探索,一旦发现食物,立即啄而食之。休息

时,把长嘴插入背上的羽毛中,任凭头上的羽冠在微风中飘动,潇洒动人。在地上行走时步履轻盈、迟缓,显得闲雅而矜持。它们的鸣叫声很像乌鸦,除了起飞时偶尔鸣叫外,平时很少鸣叫。

每年 3 月到 5 月是朱鹮的繁殖季节,它们选择高大的栗树、白杨树或松树,在粗大的树枝间,用树枝、草棍搭成一个简陋的巢。朱鹮的巢平平的,中间稍下凹,像一个平盘子。雌鸟一般产 2~4 枚淡绿色的卵。经 30 天左右的孵化,小朱鹮破壳而出。60 天后,雏鸟的羽翼丰满起来,但直到 3 年之后,小朱鹮才完全发育成熟,并开始生儿育女。

在中国,朱鹮曾经广泛分布于黑、吉、辽、京、冀、晋、陕、甘、内蒙、豫、鲁、皖、苏、赣、沪、浙、闽和台等 20 多个省份。20 世纪中期,中国朱鹮的数量也开始急剧下降。

1978 年, 一份有关野生动物的紧急报告引起了亚洲国家的关注。报告里说被称为"吉祥之鸟"和"东方宝石"的朱鹮已陷入灭绝的境地。在日本,最后一只野生朱鹮已经死去,动物园里饲养的 6 只已经失去了繁殖能力。中国自从 1964 年在甘肃捕获一只朱鹮以来,一直没有发现朱鹮的踪迹。有人认为朱鹮已经在中国绝灭。

为了查明朱鹮在中国的生存情况,中国科学院科学考察队在全国范围内对朱鹮及其可能存在的地区开展专项调查。在随后的 3 年多时间里,考察队行程 5 万多千米,踏遍了黑、陕、甘等 16 个省的 260 多个朱鹮历史分布点,最后终于于 1981 年 5 月,在陕西省汉中市洋县发现 7 只野生朱鹮,从而宣告在中国重新发现世界上仅存的一个朱鹮野生种群。

此后对朱鹮的保护和科学研究进行了大量工作,并取得显著成

133

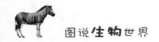 

果。特别是饲养繁殖方面，于 1989 年在世界上首次人工孵化成功，自 1992 年以来，雏鸟已能顺利成活，为拯救这一珍禽带来了希望。自从 1981 年发现朱鹮以后，1983 年 3 月成立洋县朱鹮保护观察站，1986 年成立陕西朱鹮保护观察站，2001 年 9 月成立省级汉中朱鹮自然保护区，2005 年 8 月 9 日，汉中朱鹮生存区域又经国务院批准列为国家级自然保护区。经过保护与繁育，目前朱鹮已有 2200 余只，其中野生种群 700 余只。

朱鹮是一个具有极高生态价值的动物物种，对于自然生态平衡有着十分重要的作用。通过对其生态分布、生理解剖、繁殖、历史变迁等项目的研究，科学家们发现了许多不为人知的东西。从朱鹮的濒危的因素着手，逐步深入掌握朱鹮的拯救措施，为其他濒危物种的保护提供了成功的范例。

在日本，朱鹮历来被日本皇室视为圣鸟。朱鹮的拉丁学名"Nipponia Nippon"直译为"日本的日本"，足见朱鹮对于这个国家的重要性。更有古代《日本书记》中记载，朱鹮是代表日本的鸟类。

另据最新报道，2007 年，中国人工繁育朱鹮首次在陕西省宁陕县城关镇寨沟村实施异地放飞，5 年间累计放飞朱鹮 46 只。截至 2012 年 6 月份，项目区朱鹮数量已超过 80 只，其中监测跟踪到的朱鹮有 30 多只，标志着我国朱鹮异地野化放飞取得成功。

# 几维鸟：新西兰国鸟的幸福生活

几维又被称为鹬鸵，是生活在新西兰一种不会飞行的鸟类，包括褐几维鸟、大斑几维鸟和小斑几维鸟 3 种，因其尖锐的叫声类似"kiwi、kiwi"，所以被当地土著毛利族人叫做几维鸟，有的书中也翻译成希维鸟、凯维鸟或奇异鸟。

几维鸟的数量十分稀有，大斑几维鸟仅分布于新西兰南岛的西部，小斑几维鸟则在北岛和南岛都有分布，褐几维鸟的分布除了南岛、北岛外，还见于斯图尔特岛上。由于繁殖率很低，它们处于濒临灭绝状态。

这种与公鸡大小相差无几的鸟儿有着奇特的体貌特征和生活习性，有趣极了。

几维鸟有一个小脑袋，身体形状如梨果，浑身长满蓬松、细密兽毛一样的丝状羽毛，具有良好的保暖作用，外表看上去就像多毛的大皮球，很招人们喜欢。它们的毛色主要呈黄褐色，带有深灰色和淡色的横斑，腹部毛色较淡，有黑褐色的条纹。3 种几维鸟中褐几维鸟和大斑几维鸟体形稍大，可达 35 厘米左右，体重超过 2000 克；小

斑几维鸟较小,体形只有 25 厘米左右,体重约为 1200 克。

几维鸟的双腿粗短有力,善于奔跑,时速可达 10 英里(约合 16.1 千米)。眼睛不但小、怕见阳光而且近视得不得了,有报道称,动物园里曾发生几维鸟大白天走着走着撞上了篱笆的趣事。它的颈

部很短,嗅觉和听力都高度灵敏发达。

野生的几维鸟栖息在森林和灌木丛中,喜爱群体生活,昼伏夜出,性情好动而且好奇心强,如果当地居民的大门没有关好,几维鸟可能在夜里悄悄溜进他们家里,把钥匙和汤匙当成玩具"借"走玩两天。

最有趣的还要数几维鸟尖而细长的喙了。它们的喙长 10 厘米左右,鸟喙与脑袋的结合处长有猫一样的胡须,这在地球上所有的鸟类中是绝无仅有的——不高兴了就可以"吹胡子瞪眼睛"了;鼻孔生在长而可以弯曲的嘴尖上而不是离眼睛较近的基部,这使它拥有在所有鸟类中最高等级的嗅觉能力,它的鼻孔可以在微风中探测周围甚至地下的食物信息或危险信号,就如同狗的嗅觉一样灵敏。或许这是由于几维是唯一长着突出鼻孔的鸟类的原因吧。此外,它的长嘴巴还有一个让人意想不到的功能——当它需要休息的时候,可以把嘴巴当成第三条腿,如同三角架一样把身体撑起来,轻松而稳定!绝不绝?

几维鸟的性情有时会变得十分暴躁,像人类的更年期一样,常常莫名其妙地发火,是一种喜怒无常的小型鸟类。

成对的几维鸟在一起经常会发生冲突,因雌性比雄性的体型更大,差异超过 1 千克,雌鸟在"家庭"中占据统治地位。但几维鸟又很

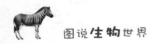

浪漫,一旦相爱,便会终生相随,一对几维鸟可以存活 30 年。

几维鸟是严格的一夫一妻制鸟类,据现在对动物配偶稳定性研究发现,孵育幼仔的时间越长夫妻架构越稳固,几维鸟的一夫一妻制与培育雏鸟需要很长时间有关(约 4 年)。

几维鸟繁殖期在深秋,卵在雌鸟体内的孕育期长达一个月,在整个怀孕期间,雌鸟必须储备足够的脂肪,用于产生一个营养良好的鸟卵。因为不能飞,几维鸟的巢往往筑在树干根部的树洞里,有时候就在地面上。几维鸟的生殖能力不强,一般雌鸟要 1 年才下一次蛋,每次 1～2 个。几维鸟个头虽然不大,但它的蛋却很大,重量比一般的鸡蛋大 5 倍(400～450 克),相当于雌鸟自身体重的 1/4,甚至达到 1/3。卵呈白色或者淡绿色,这样大的蛋孵化过程长达 70～80 天,而这样的"苦差事"毫无悬念地完全由"模范丈夫"雄鸟负责!出生之后 1 周,雏鸟继续消耗体内残存的卵黄提供营养,然后才开始跟着雄鸟学习觅食和各种生存技巧。雏鸟需要大约 4 年才能成长为成鸟。

几维鸟繁殖率低,不会飞,天敌多,分布范围小,所以显得稀有而且珍贵。它的名字已列入世界自然保护联盟(IUCN)国际鸟类红皮书。但几维鸟又十分幸运地生活在懂得爱与关怀的新西兰,它将一如既往地快乐地生活在美丽的南半球岛屿上。

几维鸟居住在洞穴里,巢穴挖成后要经过几个星期后才可以使用,这样是为了便于苔藓和自然植被重新生长出来,便于伪装。一对大斑几维鸟可能在自己的领地上挖上 100 个洞穴用作避难所,通常每天改变住所。它们白天不离开洞穴,除非在危险的情况下。几维

鸟很容易受到惊吓，大部分的活动都在夜间进行。

它们觅食的时间一般在太阳落山后约 30 分钟进行。以昆虫、蜗牛、蜘蛛、蠕虫、小鱼虾为主，甚至可以吃掉小蜥蜴和老鼠，也吃落在地面上的水果和浆果。几维鸟长在嘴巴尖端的鼻孔嗅觉非常灵敏，可以嗅到地下十几厘米深处的虫子，然后用爪子或者嘴巴把它挖出来吃掉。

几维鸟是新西兰特有的珍禽，被视为国家的象征，并被选为该国的"国鸟"，更是深得当地土著的喜爱。

几维鸟在新西兰人的生活中，触目皆是，有银行的名字叫几维的，新西兰的两角与一元的钱币上一面印的是英国女王伊丽莎白的头像，另一面便是几维鸟。新西兰钱币也被称为多少几维，这说明了几维鸟的重要。新西兰的原住民就将自己称为"kiwi"，现在很多当地白人也乐于这样称呼自己。他们常常自豪地说："我是一只几维鸟"，意思就是"我是一个新西兰人"。

鉴于猫类等肉食动物对几维鸟的威胁最大，新西兰政府已颁布法律，对有几维鸟出没地区的家猫实施宵禁，以减低几维鸟在夜间出动时被猫杀掉的可能性。

可爱的几维鸟，永远祝福你们开心、快乐地生活在新西兰，与人类和谐相处！

# 金斑喙凤蝶:"蝶中皇后"南国梦幻现身

金斑喙凤蝶是世界上最名贵、最罕见的蝴蝶,过去仅分布于海南、广西、广东、福建和江西等地。野外生存数量远远少于大熊猫,是唯一被列为国家一级保护动物的蝴蝶。长期以来,金斑喙凤蝶作为中国的特有珍品,被誉为"国蝶"、"蝶之骄子",一直因其稀缺和神秘被世界生物学界誉为"梦幻中的蝴蝶",有"世界八大国蝶之首"之美誉。金斑喙凤蝶被国际濒危动物保护委员会定为 R 级(最稀有的一级)、《濒危野生动植物种国际贸易公约》一级保护物种。在 1980 年之前,国内都找不到一枚金斑喙凤蝶标本可供科学研究和鉴赏,足见其珍贵和稀有。

美丽、华贵、稀有的金斑喙凤蝶体长 30 毫米左右,两翅展开有 110 毫米以上,是一种大型凤蝶。雄蝶翅呈翠绿色,前翅近三角形,黑色,前翅有一条黑色斜带,此带以内区域色浓,以外区域色淡,上被疏密不一的光亮绿色和黄色鳞片;后翅中央有几块金黄色的斑块,后缘有翠绿色月牙形的金黄斑纹,后翅的尾状突出细长,末端一小截颜色金黄。此蝶因而得名并闻名于世。雌蝶翅无金绿色,后翅五

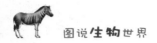 
边形大斑色白,尾突细长。它生活于高海拔的常绿阔叶林中,又是树冠昆虫,有向上活动习性,它常飞翔在林间的高空,也时而停在花丛间,其姿态优美,犹如华丽高贵、光彩照人的"贵妇人",因此人们称它为"蝶中皇后"。

金斑喙凤蝶曾经在中国几十年了无踪迹。20 世纪 20 年代,一名外国人从中国采集到了一只金斑喙凤蝶,标本被带往国外保存。

1961 年,邮电部准备发行一套 20 种中国蝴蝶的邮票。可是国内一时找不到金斑喙凤蝶的标本,图案设计者不得不借助伦敦皇家自然博物馆的昆虫标本。之后直到 1984 年 8 月,中国东方标本公司历尽艰难,连续几年上山采集,才终于在武夷山自然保护区内捕获一只雄性金斑喙凤蝶,引起生物界的重视,填补了中国昆虫学研究的一块空白。

2002 年 11 月 15 日,在粤北南岭国家级自然保护区的山上,也发现了这种中国一级保护动物的身影。

2004 年 4 月,南岭山脉,江西科研工作者在野外考察时意外地采集到 3 只金斑喙凤蝶,两雄一雌,令人振奋。

2005 年野外考察又采集到一枚金斑喙凤蝶标本。

2007 年 5 月 31 日,浙江乌岩岭国家级自然保护区发现了金斑喙凤蝶。这在浙江省尚属首次。

2012 年 6 月,乌岩岭保护区又发现一只珍品中的珍品——雌性金斑喙凤蝶。

据专家分析,金斑喙凤蝶珍稀的原因包括几个方面:一是分布地区狭窄,仅限于东亚的局部地区;二是阳盛阴衰,雌、雄性比相差悬殊( 1∶50 ~ 1∶200 );三是因为珍稀,所以蝴蝶研究者、收藏家及爱好者都竞相猎取,甚至有人不惜重金收购。据说有人曾出价 10

万美元收购一只雌性金斑喙凤蝶，但遭到拒绝。

任何稀缺的资源都会造成市场的高价。作为不常见的、如梦幻般不断出现在南国的金斑喙凤蝶，其神秘性更保持了其价格持续走高。2009 年 7 月，一只罕见的金斑喙凤蝶宝石蓝色变种拍出了 8.7 万欧元的高价，一举打破了蝴蝶标本的拍卖纪录。

谋利者狂捕滥采也是造成稀少的原因之一。按照法律规定，非法捕杀 1 只金斑喙凤蝶就要立案，3 只属于重大案件，6 只属于特大案件。

2002 年，曾经有 8 名来自四川的"蝶商"和 2 名本地农民竟在广西的大瑶山偷捕了 263 只金斑喙凤蝶，其中 250 只死于非命并被烤制成标本！此后，10 名残杀"国蝶"的犯罪嫌疑人全部被逮捕。

这是一个惨痛的记忆！但同时又表明珍贵的金斑喙凤蝶居然还有令人欣慰的野外存在。